めざせ、
和《わ》牛《ぎゅう》日本一！

堀米 薫

くもん出版

もくじ

第三章　ハンドラーにならないか？

第四章　全国和牛《わぎゅう》コンテストへの道

はじめに

　みなさんは、焼き肉やバーベキューで、和牛《わぎゅう》の肉を食べたことがありますか？

　近年、「和牛の肉はおいしい」と、人気がとても高まっています。英語でも〝WAGYU《ワギュウ》〟と書き、外国でもそのおいしさが広く知られています。

　では、あらためて「和牛ってどんな牛？」と聞かれたら、みなさんの頭にうかぶのはどういう姿形《すがたかたち》でしょうか。

　白黒もようの牛？　それとも黒い牛？

　じつは、わたしは和牛を飼《か》っている農家です。ちなみに飼っているのは、数種類ある和牛のなかの黒《くろ》毛和種《げわしゅ》という、その名のとおり黒い牛です。

著者《ちょしゃ》が和牛《わぎゅう》を飼《か》っている牛舎《ぎゅうしゃ》（提供／著者）

「えっ、和牛にも種類があるの?」と、おどろいた人がいるかもしれませんね。そもそも、どのように飼われているかさえ知らない人が多いのではないでしょうか。

さて、和牛農家は和牛を飼っているだけではなく、たがいに競《きそ》いあうことがあります。みがきあげた和牛とともに出場をめざす、あこがれの大会があるからです。五年に一度開かれる「全国和牛コンテスト」です。

正式名は、「全国和牛能力共進会《のうりょくきょうしんかい》」といいます。公益社団法人《こうえきしゃだんほうじん》全国和牛登録協会《とうろくきょうかい》が開き、全国各地から選《よ》りすぐられた和牛が、五百頭も集まります。これまでに十一回おこなわれてきました。

コンテストは、「肉牛《にくぎゅう》の部」と「種牛《しゅぎゅう》の部」にわかれています。

肉牛の部では、肉にした状《じょう》態《たい》で競いあいます。赤身肉のあいだの脂肪《しぼう》をさしといいます

和牛《わぎゅう》のオス㊤　メス㊥
さしが入った和牛の肉㊦
(提供/宮城県畜産課)

が、その入り具合がどうか、とれる肉の量が多いかなどを審査《しんさ》します。

種牛《しゅぎゅう》の部では、和牛《わぎゅう》のオス牛、メス牛としての理想的な体型にどれだけ近いかを競《きそ》います。じょうぶな骨格《こっかく》かどうか、バランスのよい筋肉《きんにく》のつきかたをしているかどうか、毛並《けな》みの美しさはどうか、栄養状態《じょうたい》がよいかなどを審査するのです。

五年に一度の大きなイベントだから、新聞やテレビなどでは「和牛のオリンピック」ということばで紹介《しょうかい》されることがあります。

オリンピックといえば、選手たちがけがや病気、スランプなどのさまざまな困難《こんなん》を乗りこえてメダルを勝ちとる姿《すがた》は、わたしたちに感動をあたえてくれます。メダルに届《とど》かず、くやし涙《なみだ》を流した選手や、オリンピックへの出場さえかなわなかった選手たちの姿にも感動します。

そして、そのかげには選手を支《ささ》える人たちがいて、選手同様に努力していることも紹介されたりします。

それは、全国和牛コンテストでも同じです。出場する牛たちやその牛を育てる人たちにも、さまざまなドラマがあります。

二〇一七年九月、宮城県《みやぎけん》仙台市《せんだいし》で開かれた第十一回全国和牛コンテストの舞台《ぶたい》に、和牛日本一をめざして挑《いど》んだ、高校生たちの姿がありました。

そのひとりが、宮城県柴田郡《しばたぐん》大河原町《おおがわらまち》にある柴田農林《しばたのうりん》高等学校の、平間大貴《ひらまだいき》君でした。

柴田農林《しばたのうりん》高校の牛舎《ぎゅうしゃ》に立つ平間大貴《ひらまだいき》君
（提供／柴田農林高等学校）

第一章　和牛《わぎゅう》との出会い

宮城県柴田農林高等学校《みやぎけんしばたのうりん》

平間大貴《ひらまだいき》君は一九九九年に、宮城県《みやぎけん》南部の町で生まれました。布団《ふとん》の販売店《はんばいてん》を営《いとな》んでいたおじいさんとおばあさん、会社に勤《つと》める両親とお兄さん、そしてひいおばあさんもいっしょの、四世代家族で暮《く》らしていました。

おさないころから平間君は、動物が出てくるテレビ番組を見るのが好きでした。お母さんと買い物に行くたびにペットショップに立ちより、子犬や子ねこを見るのを楽しみにしていたほどです。お母さんの実家では犬やねこを飼《か》っていたので、遊びに行くたびにうらやましくなりました。

「ぼくも飼ってみたい！　ねえ、いいでしょう？」

平間君は両親にお願いして、ビーグル犬を飼うようになりました。小学校から家に帰ると、ビーグル犬はいつも、平間君に飛びつくようにに出むかえてくれました。

——犬は、ちゃんとぼくを待っていてくれる。それに、あたたかい体とやわらかな毛は、なんて気持ちがいいんだろう。

悲しいときやつらいときは、ビーグル犬の体をなでているだけで、ほっとしました。

動物が好きな平間君は、スーパーマーケットで買ってきたうずらの卵《たまご》をあたため、ひなにかえしたこともありました。

——ひながぼくのあとをついてくる！　なついてくれて、かわいいもんだなあ。

うずらは大きく育ち、家族の一員になりました。

体を動かすことが好きな平間君は、小学生のときは友だちと外で遊んだり、サッカーをしたり、カードゲームをしたりして過《す》ごしました。

中学校に入ると読書が好きになり、全部で八巻《かん》もある『三国志《さんごくし》』をすべて読んでしまうほどでした。どちらかといえば勉強には興味《きょうみ》がなく、バドミントン部で体を動かしたり、友だちと遊んだりするほうが好きでした。

——高校に行って卒業したら、どんな職業《しょくぎょう》につこうかな。じいちゃんやばあちゃんと暮らしているから、お年寄《としよ》りが身近だな。お世話をする介護福祉士《かいごふくしし》もいいかな。

将来《しょうらい》への夢《ゆめ》は、まだぼんやりとしたものでした。

いよいよ、高校受験がせまってきたとき、中学校生活をのんびりと送ってきた平間《ひらま》君は、迷《まよ》ってしまいました。

——ぼくはいったい、どの高校を受験したらいいんだろう……。

すると塾《じゅく》の先生が、「柴農《しばのう》を受けたらどうだ？」とすすめてくれたのです。

柴農は、正式名称《めいしょう》を宮城県柴田農林《みやぎけんしばたのうりん》高等学校といいます。二〇〇八年に創立《そうりつ》百周年をむかえた、歴史ある農業高校です。食農科学科《しょくのうかがくか》、動物科学科《どうぶつかがくか》、森林環境科《しんりんかんきょうか》、園芸工学科《えんげいこうがくか》の四つの専門《せんもん》学科があります。

——柴農を受けるにしても、食品や林業、園芸はあまりぴんと来ない……。動物科学科には牛がいるようだな。そういえば、小さいころ、牧場で乳《ちち》しぼり体験をしたことがあったぞ。びんに入れたミルクを振《ふ》って、バターをつくったときは楽しかった。ぼくは動物が好きだし、とりあえず動物科学科を受験してみるか。

こうして二〇一五年に、平間君は柴農の動物科学科に入学しました。

動物科学科に進んだといっても、一年生のあいだは、国語や数学、英語などにくわえ、農業全体の基礎的《きそてき》なことを学ぶ授業《じゅぎょう》が中心でした。

――やっぱり、ぼくは勉強よりも、好きな本を読んでいるほうが楽しいな。

国語の教科書にのっている小説だけをいっきに読んでしまったり、苦手な授業中には好きな本をこっそり読んだりすることもありました。

クラスのなかでは、気の合う友だちと楽しく過《す》ごせていました。ところが、はじめて会う人とは、すぐに打ちとけることができません。

――文章を書くことは得意だけど……。思っていることをはっきり口に出そうとしても、なかなかうまくいかない……。

同級生のなかには、一年生のときから将来の目標をもっている人もいました。

「わたしは、ペット関係の専門学校に行くつもり」

「ぼくは、農業系《けい》の大学に進みたいんだ」

――みんな、すごいな。それなのにぼくは、勉強も今ひとつやる気が出ない。いったい、なにがしたいんだろう……。

勉強や部活のバドミントンに心から打ちこむこともあまりなく、中途半端《ちゅうとはんぱ》な気持ちのまま、高校生活を送っていました。

白黒じゃないのに、牛？

柴農《しばのう》では二年生になると、学科ごとに専門的《せんもんてき》な勉強がはじまります。それに先立ち、平間《ひらま》君たちは一年生の秋に、はじめて牛舎《ぎゅうしゃ》を見学に行きました。

校舎のとなりに立つ牛舎のなかはいくつもの部屋にわかれ、十頭以上の牛が飼育されていました。牛舎のそばには牛のための運動場があって、がんじょうな柵《さく》がぐるりとめぐらしてあります。

牛舎に入ったとたん、平間君は目を見はりました。

「うわあ、でかい！」

牛の背中《せなか》は、平間君の胸《むね》の高さまであります。顔も、平間君の顔の数倍の大きさです。柵の外から牛をながめただけでしたが、とにかくその大きさにびっくりしてしまいました。

さらに、平間君がおどろいたことがありました。

「あれ？　牛なのに白黒じゃないんだ！」

平間君が乳《ちち》しぼり体験をした牛は、白黒もようでした。だから、牛といえば、みんな白黒もようだと思っていたのです。それなのに目の前にいるのは、全身が黒い牛ばかりです。

平間君は柴農ではじめて、ほんものの和牛《わぎゅう》に出会ったのです。

和牛《わぎゅう》ってどんな牛？

二年生になると、動物科学科《どうぶつかがくか》の勉強が本格的《ほんかくてき》にはじまりました。

動物科学科には、二人の先生がいました。教科書を使った授業《じゅぎょう》は村上大亮《むらかみだいすけ》先生が、実際に牛にふれる実習の授業は横山寛栄《よこやまひろしげ》先生が担当《たんとう》します。

平間君は村上先生から、牛についての基礎的《きそてき》な知識《ちしき》を教わりました。牛は、「乳牛《にゅうぎゅう》」と「肉牛《にくぎゅう》」にわけることができます。

乳牛とは、乳を得るために飼《か》われる牛です。日本でもっとも多く飼われている乳牛は、白黒のまだらもようのホルスタイン種です。乳牛を専門に飼う農家を、「酪農家《らくのうか》」といいます。

肉牛とは、肉を得るために飼われる牛のことです。肉専用の和牛をはじめ、和牛と乳牛をかけあわせた牛、乳を出さないホルスタイン種のオス牛などを肉牛として育てます。

こうした肉牛《にくぎゅう》を飼《か》う農家を、「肉牛農家」といいます。

平間《ひらま》君はさらに、和牛《わぎゅう》には「黒毛和種《くろげわしゅ》」、「褐毛和種《あかげわしゅ》」、「日本短角種《にほんたんかくしゅ》」、「無角和種《むかくわしゅ》」の四種類があることを学びました。

黒毛和種は全身が黒い毛でおおわれた牛で、毛先が茶色いので黒褐色《こっかっしょく》に見えます。肉にさし（赤身肉のあいだに入った脂肪《しぼう》）が入りやすいという特徴《とくちょう》があります。黒毛和種のほとんどが、兵庫県《ひょうごけん》北部にある但馬《たじま》地方の牛の子孫とされています。柴農《しばのう》で飼われているのも、この種類です。

褐毛和種は褐毛という名のとおり、明るい茶色の毛で全身がおおわれています。性質《せいしつ》がおだやかで育てやすく、その多くが草原や山すそなどで放牧して飼われます。熊本県《くまもとけん》と高知県《こうちけん》がおもな産地で、肉は赤身が多いのが特徴です。

日本短角種は毛色が濃《こ》いめの茶色をしており、寒さに強く、体がじょうぶです。おもに、東北地方や北海道《ほっかいどう》で飼育《しいく》されています。

無角和種は全身の毛色が黒く、角がありません。山口県《やまぐちけん》がおもな産地ですが、頭数が減少《げんしょう》しています。

日本国内での飼育頭数は、黒毛和種が約百六十四万頭、褐毛和種が約二万二千頭、日本短角種が約八千三百頭、無角和種が約百五十頭です。黒毛和種が、和牛全体の約九十八%を占《し》めています。

――牛といっても、いろいろな種類がいるんだな。

――和牛も黒色だけでなく、褐色がいたり、角がない牛までいるのか。

牛とは縁《えん》のない家庭で育った平間君にとっては、はじめて知ることばかりでした。授業《じゅぎょう》では、和牛の歴史についても学びました。

かつて日本では、牛の力を借りて田んぼを耕《たがや》したり、重い荷物を運んだりしていました。こうした牛は使役牛《しえきぎゅう》とよばれ、大切な労働力として農家で飼われていました。ところが、トラクターのような農業用機械が登場すると、牛の役割《やくわり》が少なくなってしまったのです。

そこで、これらの牛を肉用として利用しようと、一九四八年に全国和牛登録協会《とうろくきょうかい》が設立《せつりつ》されました。

一頭ごとにある戸籍《こせき》

全国和牛登録協会《わぎゅうとうろくきょうかい》は、和牛の血のつながりをきちんと管理し、改良に役立てるしくみを設《もう》けました。登録といって、わたしたちの戸籍《こせき》と同じようなものを和牛一頭ごとにつくり、記録していくことを推《お》しすすめてきたのです。

たとえば子牛が生まれると、農家は四か月以内に全国和牛登録協会で子牛を検査《けんさ》してもらい、六か月以内に「子牛登記《とうき》証明書《しょうめいしょ》」を発行してもらわなければなりません。これには、子牛の誕生日《たんじょうび》と名前、両親はもちろん、祖父母《そふぼ》、祖父母の父母の名前、さらには子牛を育てた人の名前と住所までがくわしく記録されています。ほんとうに戸籍のようです。

また、牛の鼻のしわはわたしたちの指紋《しもん》と同じように、一頭ごとにもようがことなっています。そこで、牛の鼻に墨《すみ》をぬって紙をあて、もようを写しとります。この鼻紋《びもん》も、登記証明書にのせて保存《ほぞん》することになっています。

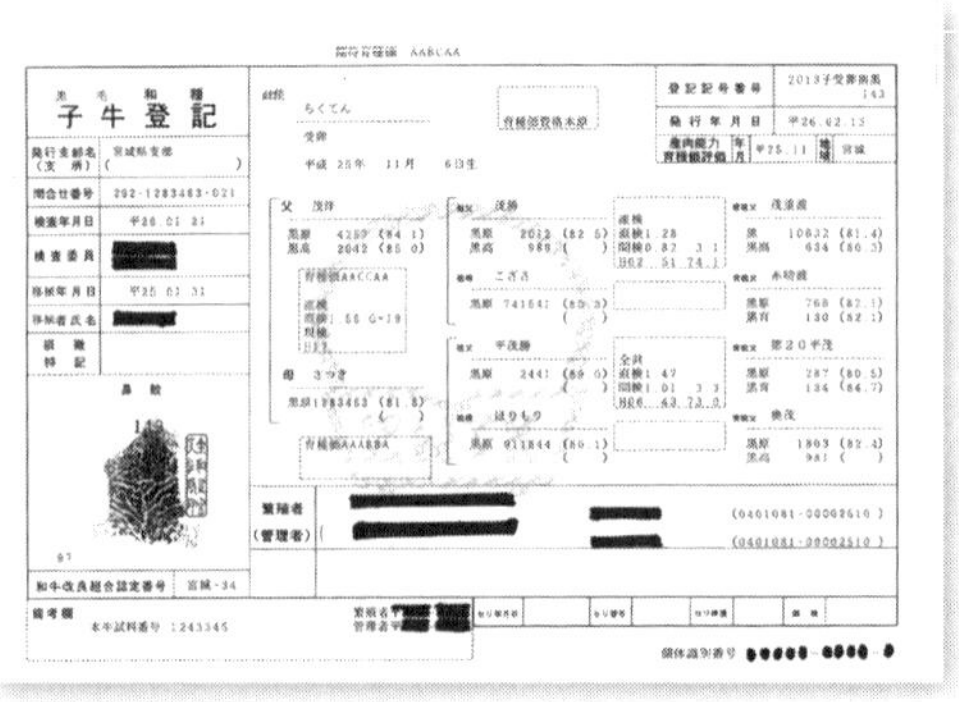

子牛登記証明書《とうきしょうめいしょ》。左下に鼻紋《びもん》がのっている（提供／著者）

さらに、和牛は一頭ごとに、独立行政法人家畜改良《どくりつぎょうせいほうじんかちく》センターが発行した十桁《けた》の「個体《こたい》識別《しきべつ》番号」をもっていて、登記証明書に記入されています。これと同じ番号が、子牛の耳につける耳標《じひょう》に書かれているのです。

耳標は、肉牛《にくぎゅう》として出荷《しゅっか》されるまで、ずっと耳につけられています。そして牛が肉になると、店にならんだ牛肉パックのラベルにまで、この個体識別番号はきちんと表示《ひょうじ》されています。

みなさんがラベルの個体識別番号を調べれば、その牛の戸籍を調べることができるのですよ。牛の名前はもちろん、いつ、どこで生まれ、だれに育てられたのかまでわかります。

このように、飼育《しいく》から加工、製造《せいぞう》、流通などの流れを、だれにでもわかるようにはっきりさせ、食品の安全を保《たも》つためのしくみを「トレーサビリティ」といいます。和牛をはじめ、国産の牛肉はトレーサビリティがしっかりした食品なのです。

名前のつけかた

戸籍に記入する和牛の名前のつけかたは、全国和牛登録協会によってルールが決められています。

ちなみに乳牛《にゅうぎゅう》は、たとえば「アズファーム　カウテット　ハナコ」というように、三つから四つのことばを連ね、三十二文字以内のカタカナでつけることを、日本ホルスタイン登録協会《とうろくきょうかい》が決めています。

いっぽう和牛《わぎゅう》の名前は、八文字以内と決められています。そして、オスとメスでつけかたがことなっています。

オスは、漢字で名前をつけます。たとえば父牛が「平茂《ひらしげ》」なら、縁起《えんぎ》のいい「福」や「幸」の字をつけた、「平茂福《ひらしげふく》」「平茂幸《ひらしげゆき》」。母牛が「はなこ」なら「平茂」と「はなこ」をかけあわせて「平茂花《ひらしげはな》」というように、漢字を組みあわせたりするのです。

メスは、ひらがなで名前をつけます。「さつき」「はづき」のように、生まれた季節にちなんだ名前や、「はいびすかす」「さくら」といった花の名前などをつけます。「りの」「こころ」「ぴいちひめ」などの、女の子らしい名前をつけることもあります。

なかには、オスの「紋次郎《もんじろう》」「平成美男《へいせいびなん》」「夢香殿《むこどの》」、メスの「きゃさりん」「のぞみたかく」「きらやかびじん」などのびっくりネームもあります。

いずれにしても飼《か》い主が、牛が元気に育つことを願ってつけています。

柴農《しばのう》では子牛が生まれると、教室や牛舎《ぎゅうしゃ》の入り口に投票箱を置いて、生徒たちに名前を募集《ぼしゅう》してきました。

――子牛に、ぼくが考えた名前がついたらうれしいな。

平間《ひらま》君も、子牛が生まれるたびに名前を投票しましたが、なかなか採用《さいよう》されませんでした。

ある日のこと、たまたま牛舎を訪《おとず》れた平間君は、横山《よこやま》先生から声をかけられました。

学校の休みが続いて、生徒から名前を募集できなかったため、平間君にチャンスがめぐってきたのです。

「ちょうどいいところに来た。平間、この子牛に名前をつけてくれないか」

子牛はオスで、体の横に白い毛が生えていました。白い毛の部分は、まるで三日月のような形をしています。

平間君に、よいアイデアがひらめきました。

「あっ、この形は！　伊達政宗《だてまさむね》のかぶとについた、三日月型のかざりだ」

伊達政宗は、宮城県《みやぎけん》が仙台藩《せんだいはん》とよばれていたころの大名で、今でも人気があります。

かぶとについた三日月型のかざりは、伊達政宗《だてまさむね》のシンボルです。

「政宗……。柴農《しばのう》の柴の字と組みあわせて、柴政宗《しばまさむね》とかはどうですか」

「おお、いいなあ。この子は、柴政宗にしよう」

こうして名づけ親になった平間《ひらま》君は、牛舎《ぎゅうしゃ》に行くたびに、柴政宗のようすが気になりました。

――ぼくが名前をつけたんだぞ。大きく育ってくれ。

柴農の子牛は、生後九か月から十か月になると「子牛市場《こうししじょう》」に連れていき、農家に売りわたすことになっていました。

平間君は、柴政宗が生後十か月で子牛市場へ出荷《しゅっか》されるまで世話をしながら、成長を楽しみに見守りました。出荷のときには子牛市場までいっしょに行き、柴政宗の体全体をねんいりにブラシでこすってみがきあげました。

「柴政宗、どこから見てもりっぱできれいだぞ。農家の人に大事に育ててもらえよ」

そんな願いをこめて、送りだしたのです。

平間君がただ一頭名づけ親になることができた柴政宗は、思い出深い牛でした。

第二章　和牛《わぎゅう》を育てる

和牛《わぎゅう》の飼《か》いかた

平間《ひらま》君は村上《むらかみ》先生の授業《じゅぎょう》で、和牛《わぎゅう》の飼《か》いかたが「繁殖《はんしょく》」と「肥育《ひいく》」に大きくわかれていること、それぞれを専門《せんもん》におこなう農家を「繁殖農家」「肥育農家」といい、両方をおこなう農家を「一貫経営《いっかんけいえい》」とよぶことを学びました。

繁殖ではメス牛を飼育《しいく》して、子牛を生ませます。野生動物は一年のうちの決まった時期に子どもを生みますが、牛は季節に関係なく出産します。

子牛は母牛のおなかで十か月かけて大きくなり、生まれて二か月から三か月すると母牛から離《はな》

著者《ちょしゃ》の牛舎《ぎゅうしゃ》で生まれ、一週間くらいたった子牛（提供／著者）

されます。離乳《りにゅう》といいます。そして、生後九か月から十か月まで育てられると、子牛《こうし》市場《しじょう》でほかの農家に売りわたされます。

肥育《ひいく》では、子牛をじっくりと、二年近く育てます。生後二十八か月から三十二か月ぐらいで、肉用に出荷《しゅっか》します。誕生《たんじょう》したときには約三十キロほどだった子牛の体重は、八百キロから九百キロにまでなるのです。

牛のえさには、牛用に栽培《さいばい》された牧草のほかに、配合飼料《しりょう》や稲《いな》わらなどがあります。

配合飼料には、とうもろこしや大豆から油をしぼりとったあとの大豆かすなどの、栄養が豊富《ほうふ》な成分がふくまれています。

牛のえさ
牧草（右上）
配合飼料《しりょう》（右下）
稲《いな》わら（上）
（提供／柴田農林高等学校、著者）

稲わらとは、もみを収穫《しゅうかく》したあとに残る稲の茎《くき》や葉の部分です。田んぼで乾《かわ》かしてから、牛に食べさせます。栄養はそれほどありませんが、わたしたちが食べる野菜と同じように繊維質《せんいしつ》が豊富なので、牛の胃の調子をよくしてくれます。

繁殖《はんしょく》と肥育では、えさのあたえかたがことなっています。

母牛は太りすぎるとうまく出産できなくなる場合が多いので、繁殖では栄養が豊《ゆた》かな配合飼料をあたえすぎないように注意します。同じように子牛も、小さいときに太りすぎないよう、牧草を中心に食べさせて基本《きほん》となる体づくりをします。

反対に肥育では、体に肉と脂肪《しぼう》をつけていくために、牧草や稲わらで体調を整えながら、配合飼料をしっかりと食べさせます。

このように飼《か》いかたが大きくことなるから、専門《せんもん》がわかれているのです。柴農《しばのう》の和牛《わぎゅう》の飼いかたは、メス牛を育てて子牛を生ませる繁殖でした。

和牛《わぎゅう》を育てる

実習の授業中《じゅぎょうちゅう》にする作業は、おもにそうじとえさづくりでした。

そうじは、牛がいる部屋に入って、スコップでふんを取りのぞきます。はじめてのとき、平間《ひらま》君はつい身がまえてしまいました。大きな牛がすぐそばにいるうえ、太い角が生えているからです。

――この角でつつかれたら、いやだな。

牛の体をさわるのも、おそるおそるでした。

えさのつくりかたは、横山《よこやま》先生から細かい指示《しじ》がありました。

「メニュー表には、一頭ごとに、必要な配合飼料《しりょう》や牧草の重さが書いてある。そのとおりに、きちんと量るんだよ」

朝夕の二回分のえさを量って、それぞれの牛の部屋の前に準備《じゅんび》しておきます。

平間君は、横山先生に質問《しつもん》しました。

「わざわざ、一頭ごとに量らなくちゃいけないんですか？」

「そうだよ。生後何か月の牛なのか、その牛に今必要な栄養がなにかによって、あたえるえさの種類や量が変わってくるからね」

わたしたちの場合でも、赤ちゃんと大人、体が弱った人と健康な人では、食事がちがいます。同じように牛のえさも、成長具合や健康状態《じょうたい》によって、種類と量がことなるのです。

実習ではそのほかにも、牛をべつの部屋に移動《いどう》させたり、古くなった毛や、毛についたふんを落として体を清潔《せいけつ》に保《たも》つためのブラッシングをしたりしました。

実習の授業《じゅぎょう》のほかには、一週間交代の週番もありました。

週番の生徒は、授業がはじまる前と放課後の一日二回、牛舎《ぎゅうしゃ》に通います。実習の時間に準備したえさを牛にあたえ、通路に落ちた牧草や、散らばったえさのそうじをするのです。

実習での作業
牛の部屋のそうじ㊤
えさづくり㊥
ブラッシング㊦
（提供／柴田農林高等学校、著者）

横山《よこやま》先生からは、えさのあたえかたについても細かな指示《しじ》がありました。

「牛の部屋の前に置いてあるえさ箱は、なかが仕切られているよね。いっぽうには牧草、もういっぽうには配合飼料《しりょう》を入れるんだよ」

「食べさせる順番もあるからね。はじめに牧草を食べさせてから、配合飼料をあたえること」

わたしたちでもサラダを食べずに、こってりとした食事だけをとると胃の調子が悪くなったりします。それと同じように、牛も牧草で胃の調子を整えてから、配合飼料を食べさせるのです。

「牧草と配合飼料を混《ま》ぜないでね」

配合飼料と牧草が混ざっていると、牛はおいしい配合飼料ばかり食べて、牧草を食べちらかしてしまうことが多いからです。

横山先生は、水のあたえかたについても教えてくれました。

「子牛のカップには、いつも水を満タンにし

なかが仕切られた(矢印)、手づくりのえさ箱
(提供/柴田農林高等学校)

ておいてね」

「えっ、子牛のだけを満タンにするんですか？」

和牛《わぎゅう》は一日に二十から五十リットルもの、大量の水を飲みます。だから、柴農《しばのう》の牛の部屋には、いつでも水が飲めるように給水機がそなえてあります。牛があごでレバーを押《お》すと、自動的に水が出てくるしくみになっています。

「子牛はまだ、レバーの押しかたがわからないんだ。だから、いつでも水が飲めるよう、満タンにしておくんだよ」

――なるほど。そういうことだったのか。

平間《ひらま》君は少しずつ、牛の飼《か》いかたを学んでいきました。

子牛の誕生《たんじょう》

実習の授業中《じゅぎょうちゅう》には、子牛が生まれる瞬間《しゅんかん》もありました。平間君がはじめて立ちあったのは、「ふたば」という牛のお産でした。

母牛は出産のときに、おなかから子牛がなかなか出てこなくて苦しい思いをすると、ショックを受けることがあります。そうなると、生まれた子牛のめんどうを見なくなったりするのです。

ふたばが生まれたときが、そうでした。乳《ちち》を飲もうとして近づいただけで、ふたばは母牛にけとばされてしまったのです。命が危《あぶ》ないから、母牛から離《はな》されて育ちました。

そんなふたばは、母牛にかわって世話をすることになった生徒から哺乳瓶《ほにゅうびん》でミルクを飲ませてもらい、とてもかわいがられて育ちました。彼女《かのじょ》が「ふたばっ！」とよぶと、走ってくるほどなついていました。

ところがふたばは、その生徒から世話を引きついだ平間《ひらま》君には心を開かず、角でつつこうとするなど、あつかいがむずかしい牛だったのです。

そのふたばが、目の前でぐったりと横たわったまま、苦しそうに息をしています。

――いつも、ふたばは意地悪だからな。応援《おうえん》しないぞ。

平間君は最初、そんなふうにふたばを見ていました。ところが、ふたばから子牛の足が出てくると、べつの感情《かんじょう》がわきあがってきました。

――すごい、ほんとうに赤ちゃんが生まれるんだっ！

ふたばのお産は、なかなか進みません。平間君は、かたずをのんで見守りました。

――ふたば、がんばれっ！　無事に、子牛を生んでくれよ！

「このままじゃ、子牛も母牛も弱ってしまう。さあ、引っぱるぞ」

とうとう横山《よこやま》先生が、子牛の足をつかんで力いっぱい引っぱりました。

ドサリと音がしたかと思うと、わらの上に子牛が横たわっています。

――おお、生まれたっ！

その瞬間《しゅんかん》、平間君は胸《むね》に、熱いものがこみあげてくるのを感じていました。

「生まれた！　よかったっ！」

見守っていた同級生たちのあいだにも、歓声《かんせい》が起こります。

平間君の目は、子牛に引きつけられていました。

――顔はくしゃっとして、しわがよっている。毛の色もうすいし、手足も細い……。生まれたばかりのときって、こんなに弱よわしいんだ。

子牛は母牛の乳を求めて、足をふんばりながら立とうとします。やっと立ったかと思うと、よろけてすわりこむことをくりかえします。

「もうちょっとだよ。がんばれっ」

同級生たちが声をかけるそばで、平間《ひらま》君も心のなかで子牛によびかけていました。

――がんばれよっ！　ぼくたちがちゃんと育ててやるからな。

牛の気持ち

平間君が実習の授業中《じゅぎょうちゅう》にいちばん苦労したのは、牛をほかの部屋に移動《いどう》させることでした。

大人の牛には鼻の穴《あな》に、金属製《きんぞくせい》、あるいはプラスチック製の輪、鼻環《はなかん》が通してあります。とても敏感《びんかん》な鼻は、牛の急所です。だから、鼻環に通した綱《つな》を引けば、大きな体の牛を動かすことができるのです。

それでも牛はこわがって、なかなか歩きたがりません。牛を移動するときは、ひとりが牛の前から綱を引っぱり、もうひとりが後ろからおしりをぐいぐいと押《お》しながら歩かせるのです。

母牛から子牛を離《はな》してべつの部屋に移動させる離乳《りにゅう》のときも、なかなかたいへんです。

鼻環は生後十か月ごろになったらつけるので、それまでは子牛の頭から首にかけて、いちいち綱を結ばなくてはなりません。

そこで柴農《しばのう》では、平間君たちがあいだをあけて二列にならび、壁になって通路をつくります。そこに追いたてるようにして、子牛を移動させるのです。

「たのむから、暴《あば》れないでくれよ」

平間君たちが部屋に入ると、どんなにそっと近づいても、子牛はおびえてしまいます。パニックになって、部屋のなかをはねまわる子牛もいます。

「いててててーっ！」

いきおいあまった子牛に足をふまれ、平間君はあまりの痛《いた》さに涙《なみだ》が出そうになったこともありました。子牛の離乳は、いつもおおさわぎです。

ふんのそうじも、なれないうちは苦労続きでした。部屋のすみに牛をよせたいのに、いうことをきかない牛もいます。

「おい、こら。ちょっとどけよ」

いくら押しても牛がびくとも動かずに、けっきょくそうじができなかったこともありました。

実習がはじまってしばらくのあいだ、平間君には牛がこわいという感覚がありました。

牛が近づいてくると、つい身をかわしたり、よけたりしてしまいました。

それでも、牛の性格《せいかく》がわかるようになってくると、こわさがうすれていきました。

――この牛は、おだやかだ。ぜったいに、角でついたりしない。でも、あの牛は気が荒《あら》いから、気をつけなければ。

さらに、牛の気持ちも少しずつわかるようになってきました。

――牛がついてくるのは、いやだと思わせることをぼくがしたからなんだな。たとえば、いてほしくない場所に入ってしまったり……。牛の気持ちに合わせてあげればいいんだ。

しだいに平間《ひらま》君は、牛の動きや表情《ひょうじょう》に目を配りながら接《せっ》することができるようになっていったのです。

かわいいだけじゃない

生後九か月から十か月まで育てられた子牛は、子牛市場《こうししじょう》で「競《せ》り」にかけられます。肥育《ひいく》農家の人たちが値段《ねだん》を競《きそ》いあい、もっとも高い値段をつけた買い手に子牛がわたるのです。

子牛市場が開かれるのは、みやぎ総合家畜市場《そうごうかちくしじょう》です。柴農《しばのう》から車で一時間半ほどの距《きょ》離《り》にあります。子牛市場がある日は、朝早く牛舎《ぎゅうしゃ》へ行き、トラックに子牛を乗せて送りださなければなりません。

市場に子牛を連れていくことは実習の授業中《じゅぎょうちゅう》では体験できないから、横山《よこやま》先生は行ってみたそうにしている生徒たちに順に声をかけていました。

「今度の子牛の出荷《しゅっか》に、平間も行かないか？」

「あっ、行きます」

平間君たちは、ブラシや綱《つな》などの道具を車に積み、先生といっしょに市場へと向かいました。

みやぎ総合家畜市場には、建物内部の中央に競りをする会場があり、そのまわりには牛を柵《さく》につないでおく繋《つな》ぎ場《ば》が設《もう》けられています。繋ぎ場は、これから競りにかけられる子牛の場所と、買い手が決まった子牛の場所にわけられています。

会場に着くと平間君は、実習の授業中よりもいっそうていねいに、子牛をブラッシングしました。いちばん美しい姿《すがた》で子牛を送りだしてあげる。それが、柴農の方針《ほうしん》だからです。

競りの会場の中央には、丸い土俵《どひょう》のようなスペースがあります。ここを囲む観客席に、子牛を買いにきた農家の人たちがすわります。

競《せ》りの会場に子牛と入った柴農《しばのう》の生徒たち
（提供／柴田農林高等学校）

子牛が登場して、いよいよ競《せ》りがはじまりました。

ふつう、子牛を売りにきた繁殖《はんしょく》農家の人たちは、市場の人に子牛をまかせ、観客席から競りのようすを見守ります。ところが平間《ひらま》君たちは、みずから子牛を引いて土俵《どひょう》に入場しました。横山《よこやま》先生が、こういう機会に競りの会場の雰囲気《ふんいき》を体験してほしいと考えていたからです。

実習で世話をして育ててきたから、子牛は生徒たちにすっかり慣《な》れていました。それでも、会場のようすにおどろいた子牛が暴《あば》れそうになったときは、市場の人たちが助けてくれました。

農家の人たちが競《きそ》いあいながら、柴農《しばのう》の子牛に値段《ねだん》をつけていきます。

「おっ、どんどん値段が上がっていくぞ。もっと高くなるといいなあ」

自分たちで育てた子牛の値段が上がっていくと、平間君はしぜんとうれしくなりました。

次つぎと競りが進みます。

「今日は、高く売れて助かったよ」

「期待していたより安かったなあ」

値段が決まるたびに、農家の人たちがよろこんだり、がっかりしたりする声が聞こえてきます。

そのころ、子牛が買われる値段は八十万円くらいが平均《へいきん》でした。

――ぼくたちのふだんの買いものは、せいぜい二千円とか、三千円だ。八十万円と聞いても、ぴんと来ないな……。

ぽかんとしている平間君たちに、横山先生がたずねました。

「子牛を十か月かけて育てるためには、たくさん費用がかかっているよね。どんな費用かかわかるよね」

「えっと……、子牛のえさ代とか」

「そうだね。ほかにも、牛舎《ぎゅうしゃ》の電気代や水道代。それに、子牛を生む母牛のえさ代もかかっている。子牛が風邪《かぜ》をひけば、治療費《ちりょうひ》もかかる。さらに、牛舎を直したり、よくしたりする費用もかかっているしね」

「あっ、そうか」

子牛を一頭育てるためには、四十万円ほどかかります。子牛が売れた値段《ねだん》からそれをさしひいた金額《きんがく》が、農家のもうけになります。かつて、子牛の値段が四十万円より下がったときには、繁殖《はんしょく》農家がどんどん減《へ》っていったことがありました。

――そうだよな。子牛が売れる値段がじゅうぶんでないと、農家は暮《く》らしていけなくなる。暮らしていけないと、牛を飼《か》いつづけることができなくなる。

競《せ》りが終わると平間《ひらま》君たちは、買い手にわたすための繋《つな》ぎ場《ば》へ子牛を連れていきました。柵《さく》につけられた名札を見ると、子牛を買ってくれた肥育《ひいく》農家の名前と住所が書いてあります。

平間君は、子牛がこれから暮らす地域のようすを思いうかべました。

子牛が、肥育農家のもとで大きく育って出荷《しゅっか》され、肉となることは、平間君にもわかっています。同時に、肥育農家が自分たちと同じように、子牛をたいせつに育ててくれることも知っています。

だから、子牛との別れはけっして悲しいことではありませんでした。

「大事にしてもらうんだぞ」

そう願いをこめて、平間君は子牛を送りだしました。

牛と働く楽しさ

夏休みのことです。横山《よこやま》先生から平間君に電話がかかってきました。

「急なことだけど、明日から酪農家《らくのうか》実習に行かないか？」

柴農《しばのう》で飼っているのは、和牛《わぎゅう》だけです。そこで横山先生は、乳牛《にゅうぎゅう》にも興味《きょうみ》がある生徒たちが仕事を体験できるように、知り合いの酪農家にたのんでいたのです。

日程《にってい》を二回設《もう》けていましたが、前半に行くはずだった生徒のひとりが急に都合が悪くなってしまいました。

――そうだ。後半に行く予定の平間に聞いてみよう。早く行きたそうだったから、来られるかもしれない。

横山《よこやま》先生の予想どおり、平間《ひらま》君はすぐに返事しました。

「はい、行きます」

平間君は横山先生に連れられ、同級生といっしょに牧場へ行きました。おもな仕事は、牛の寝床《ねどこ》のふんそうじと乳《ちち》しぼりです。とくに機械を使う搾《さく》乳《にゅう》は、子どものときに手でしぼった体験とはまったくちがうものでした。

農家の人から、作業の前に細かい注意がありました。

「まず、手で少しだけしぼって、異常《いじょう》がないかをたしかめるんだよ。乳が黄色っぽい色だったり、ぶつぶつのかたまりが入っていたりしたら、乳房《にゅうぼう》が炎症《えんしょう》を起こしている証拠《しょうこ》だからね」

平間《ひらま》君（左）が参加した酪農家《らくのうか》実習
（提供／柴田農林高等学校）

四本の乳首に、筒《つつ》の形をしたティートカップという搾乳器を取りつけるときは、乳首を傷《きず》つけないように注意しなければなりません。

「傷ついた乳首から細菌《さいきん》が入り、それが原因《げんいん》で乳房が炎症を起こしてしまう。乳にも細菌がふくまれてしまうと、人が飲むことができなくなる。だから、気をつけてね」

「は、はい……」

――乳をしぼる機械に、なかなか乳首が入らない。こんなにもたもたしていたら、ぜんぜん仕事にならないぞ。

平間君は、はじめての作業に汗《あせ》だくになりながら、必死についていきました。すると、何頭もしぼっているうちに、搾乳の手順に少しずつ慣《な》れていきました。

――こつがわかったら、がぜんおもしろくなってきた。教わったとおりに働くことができた！

短い期間でしたが、仕事をやりとげたことに平間君は自信をもつことができました。そして、牛とともに働く楽しさも感じていました。

第三章　ハンドラーにならないか？

先生からの指名

二年生の夏休みが終わり、秋をむかえたころのことです。

「全国和牛《わぎゅう》コンテストに、柴農《しばのう》で挑戦《ちょうせん》しようと思う。平間《ひらま》、どうだろう。ハンドラーにならないか？」

平間君は授業《じゅぎょう》で、村上《むらかみ》先生からそう声をかけられました。

全国和牛コンテストは、そのときからちょうど一年後の二〇一七年九月に、宮城県《みやぎけん》で開かれることが決まっていました。そのうえ、平間君たちにも出場のチャンスがある、「高校生の部」が設《もう》けられることにもなっていたのです。

宮城県は、二〇一一年三月十一日に発生した東日本大震災《ひがしにほんだいしんさい》の被災地《ひさいち》です。マグニチュード九・〇の大地震《だいじしん》が引きおこした大津波《おおつなみ》で、東北地方から関東地方の沿岸部《えんがんぶ》は壊滅的《かいめつてき》な被害を受け、二万人近い尊《とうと》い命が犠牲《ぎせい》となりました。

また、東京電力福島《ふくしま》第一原子力発電所の事故《じこ》発生により、多くの人が避難《ひなん》生活を強《し》いられました。生活への影響《えいきょう》は大きく、復興《ふっこう》には長い時間が必要でした。

そこで宮城大会では、高校生が全国和牛コンテストに向かっていっしょうけんめいに取りくむ姿《すがた》を通して、被災地の人たちに勇気と感動が届《とど》けられるようにと、「高校生の部」を設けることになったのです。

もうひとつの目的は、和牛農家の後継者《こうけいしゃ》を育てることです。

農家の高齢化《こうれいか》や、新しく和牛農家になる若《わか》い人が少ないことから、和牛農家の数が年々減《へ》りつづけています。このままでは和牛の生産が減少《げんしょう》してしまうため、大きな問題となっています。そこで、農業高校生のなかから、和牛に取りくむ人を育てようということになったのです。

平間君は、村上先生にたずねました。

「先生、ハンドラーってなんですか？」

「簡単《かんたん》にいえば、牛を調教《ちょうきょう》する人のことだよ」

「調教？」

調教《ちょうきょう》とは、牛が人の指示《しじ》に従《したが》って動けるようにする技術《ぎじゅつ》のことです。

昔、牛は使役牛《しえきぎゅう》として農家で飼《か》われていました。たとえば、田んぼを耕《たがや》すにしても、思いどおりに牛を動かすことができなければ、うまくいきません。だから、農家にとっては大事な技術でした。

「実習で牛を移動《いどう》させるときは、牛の前に立って綱《つな》を引っぱり、動かしていたよね。調教では逆《ぎゃく》なんだ。牛の後ろから綱であやつり、前に進ませたり、歩く向きを変えたり、じっと立たせておいたりしなければならないんだよ」

「綱で牛をあやつる……？」

牛の調教を習った経験《けいけん》がまったくない平間《ひらま》君は、村上《むらかみ》先生の説明を聞いても、なかなかイメージできません。

じつは全国和牛《わぎゅう》コンテストでは、調教を受けもつハンドラーの役割《やくわり》は責任《せきにん》重大です。骨格《こっかく》や肉のつきかた、毛並《けな》みなどの牛の姿《すがた》を、一頭一頭ていねいに観察しながら点数をつけてい

牛を使って畑を耕《たがや》す。今から七十年ほど前のようす
（提供／奥州市牛の博物館）

くので、審査《しんさ》にはとても時間がかかります。そのあいだ、牛をよい姿勢《しせい》のまま立たせておく必要があります。もっともすばらしく見える状態《じょうたい》で審査を受けつづけるためです。

また、どんなに体つきが高く評価《ひょうか》されても、審査中に落ちつきがなかったり、暴《あば》れたりする牛は、点数が引かれてしまいます。ぎりぎりの点差を争うような場面では、調教がきちんとできているかが勝敗をわけるポイントにさえなるのです。

たのんだぞ！　平間《ひらま》

「ハンドラーをだれにするか……」

村上先生と横山《よこやま》先生は以前から、そのことを話しあってきました。調教を覚えるには時間がかかるので、忍耐《にんたい》力や牛への愛情《あいじょう》が欠かせません。

「平間は、どうでしょう？　実習中の態度《たいど》はまじめだし、牛のこともよく観察しています。それに、週番以外でも、毎日のように牛舎《ぎゅうしゃ》にやってくるのは平間ぐらいです」

「たしかに、平間は毎日、牛舎に通っていますね」

じつは、平間君はそのころ、動物科学科《どうぶつかがくか》の勉強が自分の将来《しょうらい》にどう結びつくのかがよくわからず、中途半端《ちゅうとはんぱ》な気持ちでいました。心が落ちつくのは、大好きな牛をながめているときです。だから毎日牛舎《ぎゅうしゃ》に足を運び、牛の世話を手伝ったりしていたのです。村《むら》上《かみ》先生と横山《よこやま》先生は、そんな平間《ひらま》君の姿《すがた》を気にかけていました。

そのうえ、夏休みの酪農家《らくのうか》実習で平間君がいきいきと働いていた姿が、横山先生の印象に強く残っていました。

「あの実習は、平間にとってよい体験となったようです。牛を通して、さらに将来《しょうらい》につながる体験をしてほしいのです」

「では、平間にハンドラーをやってもらいましょう。彼《かれ》ならきっとやりぬいてくれる。いや、なんとしても、やりぬいてほしい！」

そんな願いもこめて、村上先生と横山先生は、平間君をハンドラーに指名することにしたのです。

いっぽうの平間君は、全国和牛《わぎゅう》コンテストのことはうすうす知っていたものの、どこか遠い世界のように感じていました。

村上先生は、平間君にもう一度聞きました。

「どうだい、ハンドラーをやってくれるか？」

――どうする？　ぼくにハンドラーができるのかな？　でも、先生がぼくを指名してくれたんだ。だれもやらないなら、ぼくがやるしかないんだろうな。

平間君はなやんだすえ、ぽつりと答えました。

「やります……」

「よし、たのんだぞ！」

そのときから、平間君はハンドラーとして、全国和牛コンテストの「高校生の部」出場をめざして、挑戦《ちょうせん》することになったのです。

ゆうひとともに

「高校生の部」に出場できる牛は、全国和牛コンテストが開かれる二〇一七年九月に、生後十四か月から二十か月未満のメス牛と決められていました。

柴農《しばのう》には、その条件《じょうけん》に合うメス牛が二頭いました。「ゆうひ」と「さくら」です。どちらも、柴農で代だい飼《か》われてきた母牛から生まれました。

ゆうひの母牛は、「ゆめ」です。ゆめはとても気性《きしょう》が荒《あら》い牛で、横山《よこやま》先生が「ゆめの部屋は先生がそうじをする。みんなは入っちゃだめだよ」と注意するほどでした。

そんなゆめから生まれたゆうひは、母牛にぴったりとついて、平間《ひらま》君たちになかなかなつきませんでした。

離乳《りにゅう》のためにゆめから離《はな》して、べつの部屋に移動《いどう》させたときは、母牛の乳《ちち》を恋《こい》しがり、柵《さく》のあいだをすりぬけて脱走《だっそう》してしまいました。逃《に》げまわるゆうひをつかまえるために、おおさわぎになったのです。

——母牛のゆめに似《に》て、ゆうひも気性が荒い牛に育つんじゃないかな。

そのように、平間君たちが心配していた牛でした。

もう一頭のさくらは、おだやかな性格《せいかく》の母牛から生まれた子牛でした。でも残念なことに、おなかの部分に白い毛が生えています。コンテストに出場する黒毛和種《くろげわしゅ》の牛は、全身が黒い毛色であることが求められます。白い毛が混《ま》じっているから、出場は無理でした。

こうして柴農《しばのう》は、ゆうひで挑戦《ちょうせん》することになったのです。平間君がハンドラーになると決まったころ、ゆうひはまだ、生後三か月の子牛でした。

「おい、ゆうひ。ぼくとおまえはいっしょに、全国和牛《わぎゅう》コンテストをめざすんだぞ。よろしくな」

平間君が声をかけても、ゆうひはきょとんとした顔をしています。平間君自身も、ハンドラーになるためにどんなことが待ちうけているのか、まだなにもわかっていませんでした。

二〇一六年の十二月。ゆうひが生後六か月になったころ、柴農に調教指導員《ちょうきょうしどういん》の菅原邦彦《すがわらくにひこ》さんが来てくれました。

「調教をはじめる。その準備《じゅんび》をしよう」

菅原さんは、宮城県遠田郡美里町《みやぎけんとおだぐんみさとまち》で和牛の牧場を経営《けいえい》するかたわら、全国和牛登録協会《とうろくきょうかい》の宮城県支部《しぶ》からたのまれて、調教技術《ぎじゅつ》を教える仕事をしていました。過去《かこ》に数度、全国和牛コンテストに出場した経験もあるベテランでした。

「ちょっと痛《いた》いけれど、がんばれよ」

菅原さんはそういうと、ゆうひの鼻のあいだに穴《あな》をあけて、「鼻木《はなぎ》」をとりつけてくれました。ふつう牛の鼻環《はなかん》は金属製《きんぞくせい》かプラスチック製ですが、調教を受ける牛の鼻には鼻木という、木製《もくせい》の鼻環《はなかん》をはめるのです。

ゆうひは、鼻木《はなぎ》をつけられているあいだ、鳴き声もあげずにじっとしていました。

菅原《すがわら》さんは、平間《ひらま》君にいいました。

「ほう。この牛は、なかなか強い牛だぞ」

この場合の強いとは、がんこだとか、気性《きしょう》が荒《あら》いとかの意味です。

——やっぱり、ゆうひは強い牛なのか。これから、そんなゆうひといっしょにやっていくんだな。

平間君は覚悟《かくご》しながら、まじまじとゆうひを見つめました。

調教《ちょうきょう》スタート

そして、ゆうひのブラッシングがはじまりました。

調教《ちょうきょう》をスムーズに進めるためには、なんといっても、人と牛との信頼関係が必要です。いのししの固い毛でできたブラシで、ゆうひの体全体をすみずみまでこすりあげることが、平間君とゆうひのコミュニケーションのスタートでした。コンテストでは、毛のつやのよさも審査《しんさ》のポイントになるから、毎日のブラッシングは欠かせません。

平日は放課後に、土日は午前中にかならず牛舎《ぎゅうしゃ》へ行き、ゆうひのブラッシングを終えてからのかぎられた時間にバドミントン部へ向かうという、あわただしい毎日がはじまりました。

はじめのころは、平間君がひとりで一時間もかけて、ブラッシングをしていました。静かな牛舎でたったひとり、もくもくとゆうひにブラシをかけていると、さびしさが押《お》しよせてきます。

──今ごろ、みんなは部活をしているんだろうな……。ぼくには、話をする相手もいない……。

しかたなくイヤホンで音楽を聞きながら、気をまぎらわすこともありました。

「どうして、ぼくだけがひとりで、こんなたいへんな思いをしなければならないんだよ……」

つかれがたまったときには、友だちに、つい、ぐちをこぼしました。それでも平間君は、ゆうひの世話を投げだすことはありませんでした。

──平間は、よく休まずにやっている。だれかといっしょならともかく、たったひとりで牛舎に通って世話をするのは、なかなかできることじゃないぞ。

平間《ひらま》君のがんばりに感心しきりの横山《よこやま》先生は、仕事のあいまを見て、ブラッシングをサポートしました。

柴農《しばのう》には、動物科学科《どうぶつかがくか》以外の生徒が牛の世話を希望したときのために、「牛班《うしはん》」という活動があります。横山先生は牛班に所属《しょぞく》する一年生の男子生徒に、「ゆうひのブラッシングも手伝って」と声をかけたりしました。

動物科学科の同級生たちも、部活のない日に手伝いに来てくれることがありました。

ひとりで世話をしているときの平間君は、ゆうひを相手に話をするようになりました。

「ブラッシングはどうだい？　気持ちいいだろう？」

「お前、なにをいじけているんだよ」

「涙《なみだ》を流しているな。どうした、悲しいのかい？」

「今日はなんだか、リラックスしているようだな」

ゆうひに向かい、自然と声が出るようになっていったのです。

綱《つな》を通す

やがてゆうひの鼻の傷《きず》が治ると、鼻木《はなぎ》に調教《ちょうきょう》用の綱《つな》を通して、部屋の外に連れだすことになりました。

部屋のすぐそばの柵《さく》にゆうひをつなぎ、左右の足のあいだに丸太を置いて、足の位置を固定します。そして、よい姿勢《しせい》のままで数十分間立っていられるように訓練するのです。

「調教のしかたについては、あれこれ口出しをしないからね」

調教がはじまるとき、横山先生からそういわれていました。

——ゆうひのハンドラーは、ほかのだれでもなく、平間だ。牛との向きあいかたは、自分でつかむしかないんだよ。

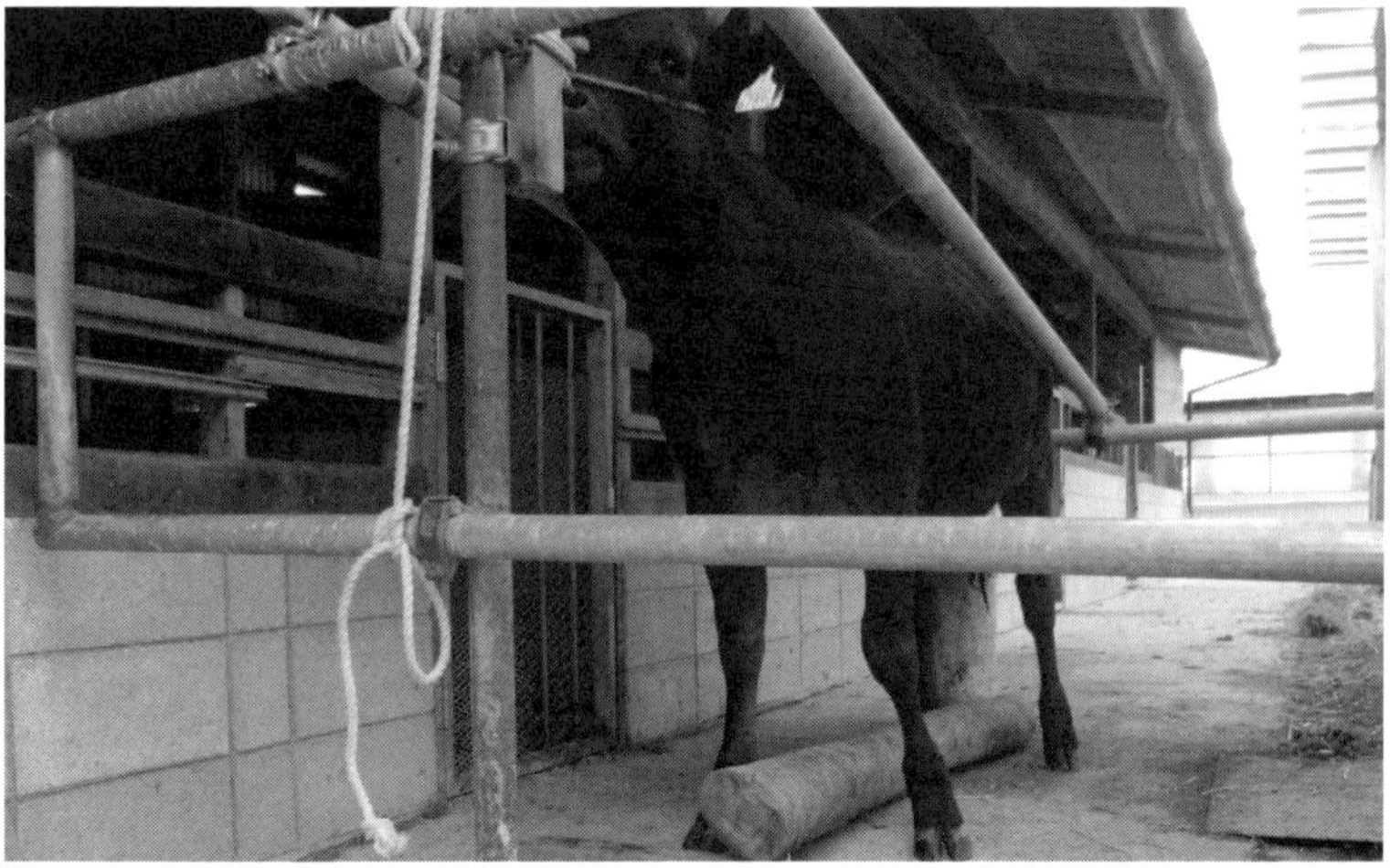

よい姿勢《しせい》の 訓練をするゆうひ
（提供／柴田農林高等学校）

横山《よこやま》先生に、そんな考えがあったからです。

平間《ひらま》君は綱《つな》をもったものの、ゆうひを前にとまどうばかりでした。

――ゆうひが暴《あば》れないかな。頭《ず》つきされたらいやだな。なんだか不安……。

それまで牛の移動《いどう》は、同級生や横山先生といっしょにしていました。でも、ハンドラーになるためには、すべてひとりでできなければなりません。

平間君が綱をもって部屋に入ると、ゆうひは「つながれるのはいやだ！」というように、平間君におしりを向けてしまいます。さらに、鼻木《はなぎ》をにぎられないように、顔を柵《さく》のあいだにつっこんでしまいました。

「おい、ゆうひ。ゆうひったら……」

部屋のなかを逃《に》げまわるゆうひを追いかけるだけで、調教《ちょうきょう》の時間が終わってしまうこともありました。

それでも少しずつ、鼻木をつかんで綱を通し、柵まで移動させ、じっと立たせておくことがひとりでもできるようになっていきました。

調教とともに大事なのが、ゆうひの体づくりでした。

「まずは、体の調子を整えるために、繊維質《せんいしつ》が豊富《ほうふ》な牧草をしっかり食べさせよう」

横山先生の指示《しじ》で、ゆうひには牧草をたっぷりあたえました。

けがを乗りこえて

年が明けた二〇一七年の一月。

平間君は、実習で同級生と組み、ふたばのブラッシングをすることになりました。気《き》性《しょう》のやさしい牛なら、ひとりでブラッシングできますが、ふたばは気性が荒《あら》い牛です。安全のために、ひとりが鼻環《はなかん》に通した綱をにぎって頭を固定し、もうひとりがブラッシングをすることになっていました。

平間君がブラッシングしようとして、ふたばのそばを通ったときのことです。あっと思った瞬間《しゅんかん》、胸《むね》のあたりにどんという衝撃《しょうげき》を感じました。平間君はふたばに角でつきあげられ、柵に強く押《お》しつけられてしまったのです。タイミング悪く、同級生がもっていた綱がわずかにゆるみ、ふたばが頭を動かしたのでした。

「くそーっ！　ふたば、離《はな》せ」

胸《むね》ポケットにささった角を両手でにぎり、押《お》しかえすようにして、平間《ひらま》君はなんとかふたばから離《はな》れました。あわてた同級生がふたばを柵《さく》につなぎ、平間君にかけよりました。

「平間、ポケットがやぶれているぞ。だいじょうぶか？」

「いや、こんなの平気だよ」

はじめは笑って答えたものの、痛《いた》みで息が苦しくなり、顔もみるみる青ざめていきます。

「村上《むらかみ》先生っ、平間がたいへんです！」

たまたまその日は、横山《よこやま》先生が不在《ふざい》でした。だから同級生は、ほかの生徒を指導《しどう》していた村上先生をいそいでよびにいきました。

病院へ行ってレントゲンを撮《と》ると、左胸のろっ骨《こつ》が二本も折れていました。

ブラッシングは牛の大きな体を下から上に向かってこすりあげるから、なかなかの重労働です。村上先生は平間君の体を心配して、こういいました。

「治るまで、ゆうひのブラッシングは休んでもいいぞ」

平間君は、ぎゅっとくちびるを結びました。

「いいえ、やります」

そう答えると三日後には、胸に固定バンドをつけた体で、ゆうひのブラッシングを再《さい》開《かい》したのです。

――ハンドラーは、ぼくがやるといって引きうけたんだ。ぜったいに最後までやりとげるんだ！

平間君は、そう心に固く決めていたのです。

ゆうひ、いうことを聞いてくれ

二月になるとふたたび、菅原邦彦《すがわらくにひこ》さんが柴《しば》農《のう》に来て、本格的《ほんかくてき》に調教《ちょうきょう》の技術《ぎじゅつ》を教えてくれました。

――いったい、どんなことをするのだろう……。

平間君は生まれてはじめてのことに、ドキドキしていました。

調教では、鼻木《はなぎ》と綱《つな》、そしてかけ声の三つ

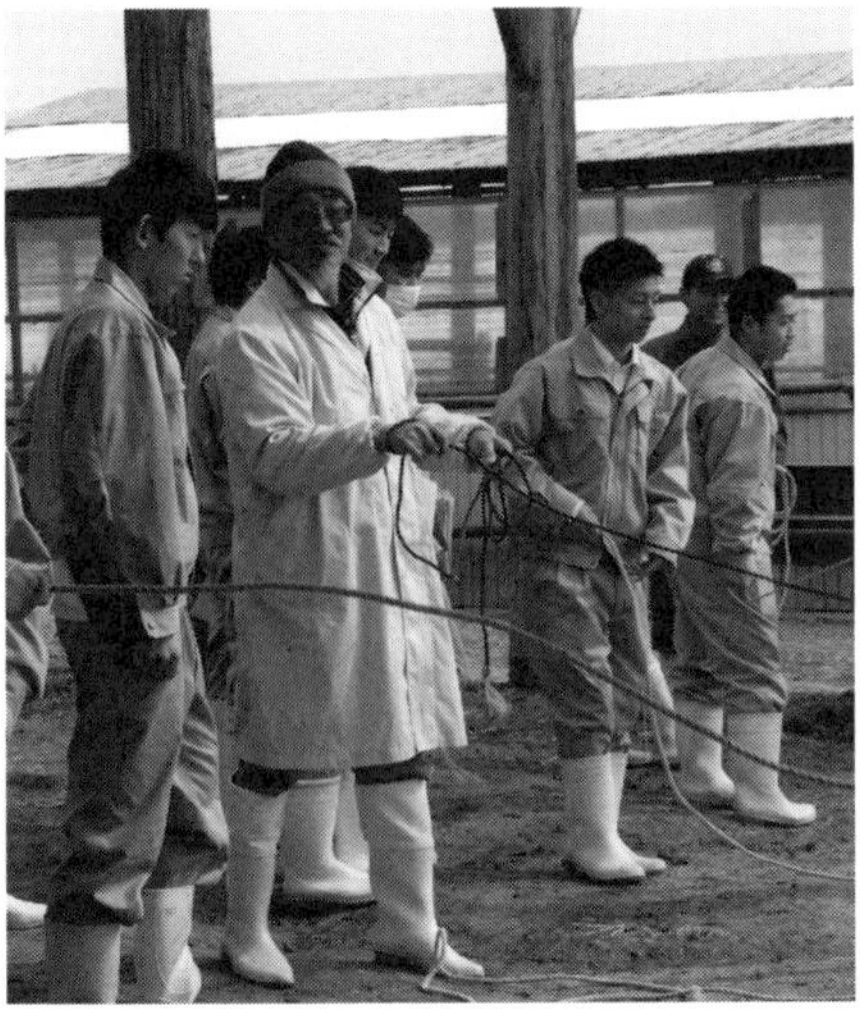

綱《つな》を手に調教《ちょうきょう》の技術《ぎじゅつ》を教える菅原邦彦《すがわらくにひこ》さん
（提供／柴田農林高等学校）

が重要です。

菅原《すがわら》さんが鼻木《はなぎ》につないだ綱《つな》をにぎると、鼻木をめがけて綱を振《ふ》ります。すると、綱が当たった瞬間《しゅんかん》にビンッとするどい音がしました。「これから、指示《しじ》に従《したが》って動け」という菅原さんの意思を、鼻木を打つ振動《しんどう》で牛に伝えているのです。

牛は音に敏感《びんかん》なので、声の出しかたにもこつがあります。動かすときは短く強い声を、落ちつかせたいときはおだやかな声をかけます。

「いいかい。命令の言葉は、『シッ！』が進めで、『バッ！』が止まれ。『サシッ！』が回れだよ。かならず牛は、左回りに動かすこと。だいじょうぶだよとなだめるときは、やさしく『バーヨバーヨ』だ」

そう教わった平間《ひらま》君は、さっそく綱を振って、ゆうひの鼻木を打とうとしました。ところが、いくらやっても綱が鼻木に当たりません。

そのうえ、はずかしくて、かけ声をはっきりと出せないのです。

――牛をあやつるのって、想像《そうぞう》していたよりもずっとたいへんだ……。

平間君は、調教《ちょうきょう》のむずかしさをいやというほど思いしりました。

横山《よこやま》先生は、そんな平間君をはげまします。

「とにかく、練習あるのみだよ」

平間君は毎日放課後に、練習にはげみました。

「さあ、行くぞ。ゆうひ」

ブラッシングが終わると、綱でつないだゆうひと牛舎《ぎゅうしゃ》の外へ出ます。ところが、後ろから綱であやつって歩かせようとしても、ゆうひはなかなか指示に従ってくれません。

「シ！　シ！　ゆうひ、進めっていってるのに、わかんないのかよ」

けっきょく、前から力づくで引っぱったり、同級生にゆうひのおしりを押《お》してもらったりしながら歩かせることになってしまいます。

「うわあ、ゆうひが！　だれか来てーっ」

ゆうひがぴょんぴょんとはねまわってしまい、牛舎にいた同級生や横山先生にかけつけてもらうこともありました。

牛は、とてもデリケートな生き物です。調教する人のちょっとした動きにもすぐ反応《はんのう》し、パニックになってしまうことがあります。急かせば急かすほど、こわがって足を止め、ふんばってしまったりします。また、人との距離《きょり》が近すぎるとおびえるし、遠すぎるとかってに動きだしてしまいます。

牛の動きを理解《りかい》してコントロールできるようになるには、たくさんの経験《けいけん》が必要でした。

「もうっ！　いったい、どうすればいいんだ……」

平間《ひらま》君のとまどいや不安は、ゆうひをさらに混乱《こんらん》させてしまいます。

「ゆうひ。たのむから、いうことを聞いてくれ」

おがむような気持ちで、声をかけるときもありました。

なかなか、ゆうひが思いどおりになってくれず、心が折れそうになることもたびたびでした。

それでも平間君は、ゆうひの世話を投げだすことはありませんでした。けがをした直後以外は一日も休むことなく、ゆうひのもとに通いつづけたのです。

小さな手ごたえ

世話を続けながら、平間君はゆうひをよく観察するようになりました。

ゆうひは、すぐに涙《なみだ》を流します。ブラッシングをしても、柵《さく》につないでも、目からぽろぽろと涙をこぼすのです。

——どこか、痛《いた》いのかな。ブラッシングのしかたが悪いのだろうか。いったい、なにがいけないんだろう。

わたしたちが泣くのは、たいてい、悲しいときや痛いときです。だから平間君は、ゆうひの涙にとまどい、あわててしまいました。

——牛は、大きな体の割《わり》におくびょうだから、おどろいたり、不安になったり、目のあたりに綱《つな》や手がぶつかったりして、涙をこぼすことは何度も見てきた。でも、ゆうひのように、すぐに涙をこぼす牛は、はじめてだ……。

ところが、ゆうひをよくよく観察するうちに、ようやく原因《げんいん》がわかりました。

——そうか。ブラッシングをしたり柵につないだりしたひょうしに、涙が出ている。痛みや悲しみが原因ではないようだぞ。

そうとわかると、平間君は落ちついて、ゆうひに接《せっ》することができるようになりました。

平間《ひらま》君は、ゆうひの鳴き声や表情《ひょうじょう》、体の動きの意味も理解《りかい》できるようになっていきました。

――おなかがすいたときは、口笛をふくように、口の先でモウーと鳴いている。いやがっているときは、舌《した》が見えるほど口をがばっと開けて、モーオーと鳴くぞ。気分で鳴きかたもちがうんだな。

体を左右に振《ふ》って動くときは、「いやがっているんだな」。

だるそうな顔つきをしているときは、「散歩に行きたくないんだな」。

目を細めてぼくを見ているときは、「なにしに来たの？」。

うつろな目をしているときは、「なにをいわれても、ぜったいに動かないよ」。

目つきでも、ゆうひの気持ちがわかるようになってきたのです。

ゆうひは、気分屋でした。「こっちに行きたいよ。あっちに行きたいんだよ」と気が向くままに歩きたがりました。

でも三月になると、ゆうひと平間君の関係が、少しずつ変わってきました。

「シッ！　シッ！」

――あっ、進んだ。ゆうひがいうことを聞いているぞ！

平間君が前から引っぱらなくても、いっしょにならんで歩ける瞬間《しゅんかん》がふえてきたのです。いうことを聞くかどうかはゆうひが決める、という状態《じょうたい》は変わりませんが、平間君は少しずつ手ごたえを感じるようになりました。

――手をかけたぶんだけ、牛はこたえてくれるんだな。

ようやく、そう実感できるようになってきたのです。

――ゆうひは、気むずかしいところがある。でも、綱《つな》の打ちかたがうまければ、牛の性格《せいかく》や気分にかかわらず、従《したが》わせることができるんだ。技術《ぎじゅつ》をもっとみがこう。

手ごたえを感じれば感じるほど、もっと調教《ちょうきょう》がうまくなりたいという気持ちが平間君のなかで強くなっていきました。

ゆうひとならんで歩く平間《ひらま》君
（提供／柴田農林高等学校）

第四章　全国和牛《わぎゅう》コンテストへの道

宮城県《みやぎけん》予選に向けて

二〇一七年九月に開かれる全国和牛《わぎゅう》コンテストに出るためには、六月の宮城県《みやぎけん》予選でほかの農業高校と競《きそ》いあい、勝ちぬかねばなりません。

宮城県では、柴農《しばのう》のある地区は仙台市《せんだいし》より南にあるから、仙南《せんなん》地区とよばれています。いっぽう仙台市より北の仙北《せんぼく》地区は、もともと和牛の生産がさかんで、予選に出る四校のうち三校が仙北地区の農業高校です。仙南地区から出場するのは、柴農だけでした。

県予選の前から、仙北地区の美里町《みさとまち》にある小牛田農林《こごたのうりん》高等学校、加美郡色麻町《かみぐんしかまちょう》にある加美農業《かみのうぎょう》高等学校、そして登米市《とめし》にある登米総合《とめそうごう》産業高等学校に注目が集まっていました。

「仙北地区の農業高校では、全国和牛コンテストに向けて、優秀《ゆうしゅう》な血統《けっとう》の牛を用意しているらしいぞ」

「勝つのは、仙北地区の三校のどれかだろう」

平間《ひらま》君の耳にも、そんなうわさが入ってきました。けれども、そんなことを気にしているひまはありませんでした。三月になって、県予選に向けてやることがふえたからです。

「牛の毛洗《けあら》いもしたほうがいいよ」

菅原邦彦《すがわらくにひこ》さんが柴農に来て、そうアドバイスしてくれました。牛の毛並《けな》みを美しくするためには、シャンプーで全身の毛を洗う、毛洗いが欠かせません。

しかし、東北地方の三月はまだ寒く、雪がちらつく日もあります。だから、あたたかくなる五月ごろまでは、湯にひたしたタオルでゆうひの全身をふく、「湯拭《ゆぶ》き」をすることになりました。

ブラッシングに湯拭き、調教技術《ちょうきょうぎじゅつ》の練習までくわえると、すべてを終えるのにたっぷりと二時間近くかかりました。

平間君は、春休みのあいだも毎日、ゆうひのもとに通いつづけました。

そして四月。三年生になった平間君は、ブラッシングをしながら、ゆうひをまじまじと見つめました。

満開の桜《さくら》の前で、生後十か月のゆうひと平間《ひらま》君
（提供／柴田農林高等学校）

「いよいよ、ぼくも三年生。ゆうひ、おまえもでかくなってきたよな」

平間《ひらま》君の腰《こし》あたりだったゆうひの頭の高さは、生後十か月になって胸《むね》まで届《とど》くほど大きくなりました。

ゆうひのもとへ通う生活は、三年生になってからも、毎日変わりなく続きます。

五月のゴールデンウイークになると、いそがしい菅原《すがわら》さんのかわりに、仙南《せんなん》地区の和牛《わぎゅう》農家の阿部昭夫《あべあきお》さんがゆうひを調教《ちょうきょう》しに来てくれました。阿部さんも、かつて全国和牛コンテストに出場した経験《けいけん》があり、予選突破《とっぱ》をめざす柴農《しばのう》のために、わざわざ来てくれたのでした。

阿部さんは三日間集中してゆうひを調教し、指示《しじ》の意味を徹底的《てっていてき》に覚えこませてくれました。

「バッ！」

「シッ！」

「サシッ！」

平間君の目の前で、ゆうひはまるでべつの牛になったかのように、指示どおりに動きます。

「よし、これでゆうひは指示の意味を覚えたぞ。いうことを聞くはずだから、やってごらん」

ところが、綱《つな》を受けとった平間君があやつろうとすると、指示に従《したが》ったり、従わなかったりと、気分屋のゆうひにもどってしまいます。

――なんで、いうことを聞いてくれないんだよ……。

平間君は、うらめしそうにゆうひを見ました。

阿部さんは最後に、平間君の背中《せなか》をポンとたたいていいました。

「あとは、平間君しだいだからな！」

「えっ？　あ、はい……」

平間君は、どきりとしました。

――ゆうひじゃなく、ぼくしだい？　やっぱり、ぼくが問題なのか……。

そんな平間《ひらま》君を、横山《よこやま》先生は祈《いの》るように見守っていました。

――平間、気づいてくれ。牛に自分の気持ちをきちんと伝えるためには、平間自身が成長するしかないんだよ。

平間君はそれからも毎日、試行錯誤《しこうさくご》しながらゆうひに綱《つな》を打ち、練習を続けました。

県予選が近づくにつれ、横山先生からは、ゆうひの体を毎日チェックするように指示《しじ》がありました。

「ゆうひの栄養度が高くならないように気をつけるんだぞ。ゆうひの背中《せなか》と腰《こし》回りのポイントを手でさわって、脂肪《しぼう》のつき具合をたしかめるんだよ」

栄養度とは、肥満《ひまん》の度合いをいいます。肥満はコンテストの審査《しんさ》で大きく減点《げんてん》されます。それが原因《げんいん》で、妊娠《にんしん》しにくくなったり、出産がうまくいかなくて難産《なんざん》になったりすることもあるからです。

だからといって、えさの量を減《へ》らしすぎたり、運動させすぎたりすると、発育が悪くなったり、元気がなくなったりします。

適度《てきど》な量のえさを食べさせて、脂肪のつきすぎは運動で減らすようにと、つねにバランスに注意しなければなりませんでした。

ゆうひの体をよい状態《じょうたい》に仕上げるために、仙南《せんなん》地区の農協《のうきょう》の畜産《ちくさん》指導員《しどういん》が、何度も柴農《しばのう》に来てくれました。栄養管理のしかたを横山先生と相談しながら、ゆうひの体づくりをサポートしてくれました。

平間君は、ゆうひのブラッシングや毛洗《けあら》い、そして調教《ちょうきょう》の練習に、いっそう力を入れました。

「ぼくらもブラッシングをやるよ」

「あっ、サンキュー……」

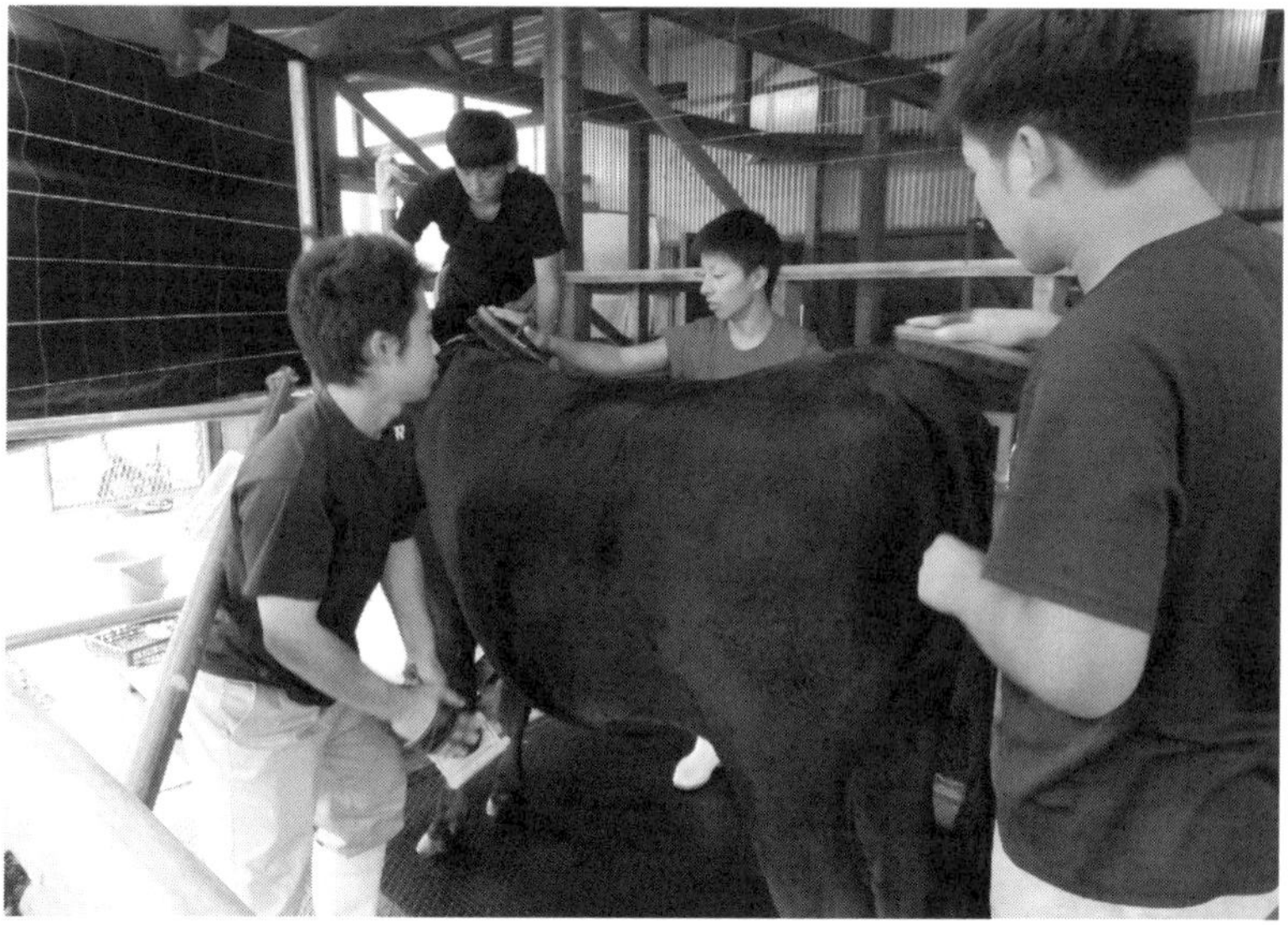

同級生たちとゆうひのブラッシング
（提供／著者）

三年生になって部活から引退《いんたい》した動物科学科《どうぶつかがくか》の同級生たちが、毎日のように手伝いに来て、平間《ひらま》君を本格的《ほんかくてき》にサポートしてくれるようにもなりました。

県予選では、ハンドラーのほかに、審査《しんさ》しているあいだに出たふんを受けとめる補助員《ほじょいん》が二名つくことになっています。同級生の佐藤泰斗《さとうたいと》君と阿部瑞希《あべみずき》君が務《つと》めてくれることになりました。

——柴農《しばのう》の県予選出場を、もっともりあげてやろう。

そう考えた横山《よこやま》先生は、動物科学科の生徒たちにある提案《ていあん》をしました。

「ゆうひに着せる牛衣《ぎゅうい》は、みんなで手づくりしてはどうだろう」

コンテストに出る牛には、毛を保護《ほご》するために、体をおおう牛衣という布《ぬの》をかけます。市販《しはん》の牛衣で出場する牛もいれば、毛布《もうふ》を改良した牛衣で出場する牛もいます。先生の提案を受けて、ゆうひの牛衣のデザインを生徒たちが考えることになりました。

「桜《さくら》の花びらのアップリケをぬいつけるのはどう？」

「いいね、柴農の牛にぴったりだよ」

柴農のある大河原町《おおがわらまち》では、川沿《ぞ》いに連なる桜並木《なみき》が、観光名所「一目千本桜《ひとめせんぼんざくら》」として有名です。そこで牛衣の片面《かためん》には、美しい桜吹雪《ふぶき》をあしらいました。

「どうせなら、反対側の面も、こったデザインにしよう」

「それなら、牛肉の部位をあらわす絵にしようか！」

もう片面にはゆうひの体に合わせて、肩《かた》ロース、サーロイン、バラなどをしめす絵をあしらいました。

県予選、はじまる

二〇一七年六月十八日。みやぎ総合家畜市場《そうごうかちくしじょう》で、宮城県《みやぎけん》予選が開かれました。

会場に集まったのは、四つの農業高校からやってきた「高校生の部」の牛が四頭、そして地区ごとのきびしい審査を勝ちぬいてやってきた「一般《いっぱん》（生産者）の部」の牛が百三十四頭です。

生徒たちがつくった牛衣《ぎゅうい》
（提供／柴田農林高等学校）

どの牛が、栄えある全国和牛《わぎゅう》コンテストへの出場を決めるのか。会場には、勝負に挑《いど》む緊張感《きんちょうかん》がただよっていました。

桜吹雪《さくらふぶき》の牛衣《ぎゅうい》をまとったゆうひは、会場でも注目の的でした。

「柴農《しばのう》の牛衣は、なかなかこっているな」

「これは、グッドデザイン賞だ！」

そういいながら、わざわざゆうひのそばまで見にくる人たちもいたほどでした。

——ゆうひ、牛衣が似合《にあ》っているぞ！

平間《ひらま》君の口元も、思わずほころびました。

県予選では、一般《いっぱん》の部の審査《しんさ》が先におこなわれます。いくつかにわけられた部門ごとに結果が発表されると、仙北《せんぼく》地区の牛たちが次つぎと最優秀賞《さいゆうしゅうしょう》となり、全国和牛コンテストへの出場を決めていきました。

「やっぱり、仙北地区の牛は強いなあ」

「さすがだなあ」

会場の人たちは、そういいながらうなずいています。いよいよ、最後の部門の発表です。

「最優秀賞は、仙南《せんなん》和牛改良推進《すいしん》組合！」

その瞬間《しゅんかん》、平間君の目の前で、同じ仙南地区の農家の人たちがこぶしをつきあげました。

「うおーっ！　ついに仙南地区の牛が選ばれたぞーっ！」

「やったーっ、夢《ゆめ》にまで見た全国和牛コンテストに出場できるーっ！」

みんながだきあいながら、よろこんでいます。なかには感激《かんげき》のあまり、目頭を押《お》さえる人までいます。

――農家の人たちが、あんなによろこんでいる！　やっぱり、全国和牛コンテストの舞《ぶ》台《たい》に立つことは、みんなの夢なんだ。ほんとうにすごいことなんだな。

平間君も、胸《むね》が熱くなるのを感じました。

――仙北地区の牛だけじゃなく、仙南地区の牛も優秀だ。柴農もこの勢《いきお》いにのって、全国和牛コンテストに行くぞ！

平間君はゆうひといっしょに、審査会場へと歩みはじめました
ところが、ある女子高生の声を耳にしたとたん、はっと息をのみました。

声の主は、小牛田農林《こごたのうりん》の「ゆうゆう」のハンドラーを務《つと》める、三年生の三浦舞花《みうらまいか》さん

でした。

「バッ！」

「シッ！」

舞花《まいか》さんのかけ声はだれよりも大きく、はっきりしていました。綱《つな》で鼻木《はなぎ》を打つたびに、ピンッと音が響《ひび》きます。

――なんてじょうずな綱打ちなんだろう。ぼくとは、くらべものにならないほどうまい……。さすが小牛田農林《こごたのうりん》の生徒だ。これが、仙北《せんぼく》地区の農業高校の技術《ぎじゅつ》か……。

もうひとつの戦い

三浦《みうら》舞花さんのおじいさんは繁殖《はんしょく》農家で、和牛《わぎゅう》を飼《か》っていました。舞花さんはおじいさんのことが大好きで、子どものころから牛舎《ぎゅうしゃ》で遊びながら育ちました。

舞花さんが小学二年生のときの、ある日のこと。おばあさんから、牛舎にいるおじいさんをよびにいくようにいわれました。

「うん、わかった。じっちー、お昼だよー」

そうさけびながら牛舎のほうに行くと、となりにあるビニールハウスから、ふしぎなことばが聞こえてきました。

「バッ！」

「サシッ！」

その年は二〇〇七年で、鳥取県《とっとりけん》で第九回全国和牛コンテストがありました。大会への出場を決めたおじいさんは、ビニールハウスのなかで牛の調教《ちょうきょう》をしていたのです。

「うわーっ、なんなの？　これは」

舞花さんは、はじめて見る牛の調教に、目がくぎづけになりました。

——牛がぴたりと立ったまま動かない。いつもは気が荒《あら》い牛なのに、じっちは綱一本でいうことを聞かせているんだ！

おじいさんは、舞花さんが見ていることに気がつくと、手まねきしました。

「こっちに来てごらん」

おじいさんは舞花さんの手を取って、綱をにぎらせてくれました。

「うわーい、うれしい！　わたし、じっちと同じだよ！」

舞花《まいか》さんがはじめて、調教用《ちょうきょうよう》の綱《つな》を手にした瞬間《しゅんかん》でした。

調教に興味《きょうみ》をもった舞花さんは、鳥取《とっとり》大会からもどってきたおじいさんから、たくさんの写真を見せてもらいました。

「全国和牛《わぎゅう》コンテストでは、こんなにりっぱな牛が出場するんだぞ。全国各地のきびしい予選を勝ちぬいてきた牛ばかりなんだ」

「うわあ、きれいな牛だね。こんな大会に出たなんて、じっちはすごいね！　わたしも、いつか出てみたいなあ」

胸《むね》のなかには、そんなあこがれがめばえていました。

舞花さんが中学一年生だった二〇一二年には、長崎県《ながさきけん》で第十回全国和牛コンテストがありました。おじいさんはこのとき、出場する牛の調教を手伝い、補助員《ほじょいん》として長崎へ行きました。

「長崎大会も、すばらしい牛ばかりだったよ」

帰ってくるなり、おじいさんは満面の笑《え》みで、舞花さんにいいました。

「なんと、次の全国和牛コンテストはな、この宮城県《みやぎけん》でやるんだぞ！」

「えっ、宮城で？　わたしも、全国和牛コンテストを見ることができるっ！」

「ああ、そうだよ」

「うわあ、うれしい！」

あこがれだった全国和牛コンテストが、ぐっと近づいたように感じました。やがて、あこがれは大きな夢《ゆめ》に変わっていきました。

――見るだけで終わりにしたくない。わたしも、いつかぜったいに、全国和牛コンテストトの舞台《ぶたい》に立ちたい！


舞花さんが中学三年生になったときに、「二〇一七年の宮城大会では高校生の部があるらしい」という情報《じょうほう》が耳に入りました。

――二〇一七年、そのときわたしは高校三年生。出場のチャンスがあるということだ。

よしっ、目標はそこだっ！

こうして夢は、はっきりとした目標に変わりました。

舞花さんは、地元の小牛田農林《こごたのうりん》に進学することを決めました。和牛の調教を学ぶ「調教班《はん》」というクラブ活動があったからです。

「わたし、どうしても全国和牛《わぎゅう》コンテストに出たいんです。先生、なんでも教えてください」

舞花《まいか》さんは先生にそう宣言《せんげん》して、牛の世話や調教《ちょうきょう》に取りくみました。さらに、調教指《し》導員《どういん》の菅原邦彦《すがわらくにひこ》さんをたずねて、調教を教えてもらいました。

牛と過《す》ごす時間が長くなるほど、舞花さんは牛のことが好きになりました。そして、たくさんの人に、もっと牛のことを知ってほしいという気持ちが強くなっていきました。

――牛は、今は家畜《かちく》とよぶけれど、昔は使役牛《しえきぎゅう》といって、人と牛がいっしょになって田んぼや畑で働き、家族同然に暮《く》らしてきた。だから今でも、牛を飼《か》っている農家の人の心には、牛を家族のように思う気持ちが残っている。そんな牛と人の関係を、わたしの調教を見ることで感じてもらえたらいいな。

舞花さんは、子どもと動物がふれあうイベントに、高校の牛を連れていきました。背中《せなか》に昔のように荷物をのせ、綱《つな》であやつりながら歩かせて、子どもたちに見てもらいました。

そんなことをやったり、子どもたちに牛にさわってもらったりするうちに、家畜に対する思いも伝えたいと思うようになっていました。

四校から出場した四頭の和牛《わぎゅう》。ゼッケン番号３が平間《ひらま》君とゆうひ。
いちばん左が三浦舞花《みうらまいか》さんとゆうゆう
（提供／柴田農林高等学校）

――わたしは、牛が好き！　でも、かわいいという気持ちだけで世話をしているんじゃない。牛のほんとうの役割《やくわり》は、最後には肉になって食べてもらい、みんなを笑顔《えがお》にすること。わたしが牛の世話をするのは、みんなに笑顔になってもらうため！　いつも牛に向きあいながら感じていることを、子どもたちにも伝えていきたいな。

舞花さんはこうして、全国和牛コンテスト出場をめざしてきたのです。

コンテスト出場を決めたのは……

柴田農林《しばたのうりん》高等学校、小牛田農林《こごたのうりん》高等学校、加美農業《かみのうぎょう》高等学校、登米総合《とめそうごう》産業高等学校の四頭の牛たちがならび、全国和牛コンテストと同じように、審査《しんさ》がはじまりました。

前日のうちに、体高《たいこう》（地面から肩《かた》までの高さ）や胸深《きょうしん》（胸《むね》まわりの長さ）などの測定《そくてい》がおこなわれました。

審査《しんさ》当日は複数《ふくすう》の審査員が、牛の体全体、頭や顔、胸、腰《こし》、腹《はら》、足、乳房《にゅうぼう》などの形やバランス、肉のつきかたや毛並《けな》みなどを見ながら採点《さいてん》していきます。もちろん、調教技《ちょうきょうぎ》術《じゅつ》も審査のポイントになります。

——ゆうひ。たのむから、じっとしていてくれよ。

平間《ひらま》君は、鼻木《はなぎ》と頬綱《ほおづな》をにぎって、ゆうひの動きを必死でおさえていました。頬綱とは、鼻木に通した二本の綱を左右の頬に伝わせ、頭の後ろで結んだ綱のことです。牛の動きをおさえるときに使います。

そのそばでは舞花《まいか》さんが、ゆうゆうに綱を打っています。牛から少し離《はな》れた位置から綱を振《ふ》ってくりだし、牛をじっと立たせておく高度な調教技術です。

平間君は、仙南《せんなん》地区の農家の人たちの視線《しせん》を、痛《いた》いほど感じていました。

——みんな、きっとはらはらしながら、ぼくたちを見ているんだろうな……。

平間君は、鼻木をにぎってゆうひの頭の角度を変えながら、正姿勢《せいしせい》になるように直していきました。背中《せなか》のラインがまっすぐにのび、前後の足も地面にまっすぐに立たせる正姿勢にさせることが、審査のポイントのひとつになっているからです。

その日のゆうひは暴《あば》れることもなく、なんとか無事に審査を終えることができました。

全国和牛《わぎゅう》コンテストでは、はじめて設《もう》けられた「高校生の部」です。どの高校が選ばれるのか、会場に集まった人たちは興味津津《きょうみしんしん》で発表を待っています。

──自分たちができることは、すべてやったんだ。

平間君は、やりきった気持ちで発表のときを待ちました。

ついに、審査員の声が響《ひび》きました。

「最優秀賞《さいゆうしゅうしょう》は、柴田農林《しばたのうりん》高等学校！」

「ほおーっ」

会場に、歓声《かんせい》がわきおこりました。

「すごいぞ、仙南地区からは高校も出場だ！」

仙南地区の農家の人たちが、平間君のもとにかけよってきました。みんなの顔が、よろこびにあふれています。

「えっ？　ほんとうにぼくたちが勝ったの？」

平間《ひらま》君は、仲間と目を合わせながら、信じられない気持ちでいっぱいでした。

「ああ、そうだ。ほんとうに勝ったんだぞ！」

村上《むらかみ》先生の声に、やっと実感がわいてきました。

——やったー！　勝ったんだっ！

平間君は、よろこびをかみしめました。

おおかたの予想をくつがえした結果でしたが、村上先生と横山《よこやま》先生は、審査《しんさ》会場に牛がならんだときの、観客席のよい反応《はんのう》を覚えていました。

「あれは、どこの牛だ？　なかなかよい体を

予選を勝ちぬいたゆうひと柴農《しばのう》のメンバー。
後列の右はしが横山《よこやま》先生、左はしが村上《むらかみ》先生
（提供／柴田農林高等学校）

しているな」

「毛がつやつやだ。体の状態《じょうたい》もいいようだな」

そんな声が、ほうぼうから聞こえてきたからです。

――たしかに、四頭のなかで、ゆうひの体がひとまわり大きい。これはひょっとしたら、いけるかもしれないぞ。

村上先生と横山先生の予感どおり、ゆうひはもっとも発育がよかった点が評価《ひょうか》されたのでした。

予選が近づくと、どうしても調教《ちょうきょう》によりいっそう力が入《はい》ってしまいます。それが原因《げんいん》で牛にストレスがかかり、体のバランスが微妙《びみょう》にくずれることがあります。

柴農《しばのう》では、横山先生や農協《のうきょう》の畜産《ちくさん》指導員《しどういん》の指導に従《したが》って、ゆうひをのびのびと育てたことが発育のよさとなってあらわれたのでした。

「宮城県《みやぎけん》代表だな。がんばれよ！」

農家の人たちからはげましのことばをもらいながら、平間君は興奮《こうふん》を胸《むね》に家にもどりました。

家では、家族がおおよろこびでむかえてくれました。

「見てごらん。大貴《だいき》がテレビに映《うつ》っているよ」

大きな注目を集めていた県予選のようすが、ニュースになってテレビに流れています。はずかしさも半分でテレビ画面を見ていた平間《ひらま》君は、どきりとしました。

「ゆうゆう、いっしょに全国和牛《わぎゅう》コンテストに行くべな！」

予選の前には、ゆうゆうの頬綱《ほおづな》にむらさき色のお守り袋《ぶくろ》を結び、明るくそう語っていた舞花《まいか》さんが、がっくりと肩《かた》を落としながら、牛舎《ぎゅうしゃ》に引きあげて行く姿《すがた》が映っています。

「いっしょうけんめいにやってきて……、それでも全国和牛コンテストに進むことはできなかったけれど……。がんばってきたことは、これからの自分の力になると思います……」

同じ舞台《ぶたい》で戦った舞花さんが、涙《なみだ》をぬぐいながら、けんめいに笑《え》みをつくろうとしています。目を真っ赤に泣きはらしている姿を見たとき、平間君の胸《むね》にこみあげるものがありました。

――ぼくにはわかる。舞花さんもほかの高校の生徒たちも、調教《ちょうきょう》の練習をしたり、牛の世話をしたり、必死でやってきたはずだ。舞花さんの調教の技術《ぎじゅつ》は、ぼくよりも数段上《すうだん》だった。でも、ぼくたち柴農《しばのう》が全国和牛コンテストに出るチャンスをもらった。だから、みんなの思いも背負《せお》っていかなければいけないんだ！

平間君は、ずしりとした責任《せきにん》の重さを感じていました。

合宿での再会《さいかい》

全国和牛コンテスト出場が決まってから、平間君の生活は大きく変わりました。授業《じゅぎょう》前の早朝に、ゆうひの運動がくわわりました。余分《よぶん》な脂肪《しぼう》を落とし、足腰《あしこし》にしっかりとした筋肉《きんにく》をつけるために、運動を強化することになったのです。

「平間、朝の運動はサッカー場を使えるようになったぞ」

それまでは調教技術の練習をしながら、牛舎そばのアスファルトの上でゆうひを歩かせていましたが、足に負担《ふたん》がかかります。また、全国和牛コンテストの会場では床《ゆか》に砂《すな》がしきつめられています。サッカー場は草地なので、それに似《に》た感触《かんしょく》をゆうひに覚えさせることができます。

それで、横山《よこやま》先生が校長先生とサッカー部の顧問《こもん》の先生にかけあってくれたのです。

「サッカー場をふんでよごさないことが条件《じょうけん》だ。佐藤《さとう》たちにもついてもらうからな」

横山先生の指示《しじ》で、全国和牛《わぎゅう》コンテストでも補助員《ほじょいん》を務《つと》めることになっている佐藤泰《たい》斗《と》君と阿部瑞希《あべみずき》君、それに佐藤涼《りょう》君の三人がサポートしてくれることになりました。佐藤泰斗君と阿部君は、毎朝七時には学校へ来て、ゆうひを連れだします。

広いサッカー場のなかを三十分間も歩きつづけるには、平間《ひらま》君たちにもゆうひにも根気が必要でした。平間君には、ゆうひのふんを受けとめながらいっしょに歩いてくれる仲間がいることが、なによりも心強く思えました。

ゆうひの体づくりにも、いっそう力が入るようになりました。横山先生がメニューを考えます。

「少しふとりぎみだから、体重を落とそう。配合飼料《しりょう》を少なめにして、稲《いな》わらやビートパルプ、それに栄養剤をくわえる」

ビートパルプは、ビート（砂糖《さとう》大根）から砂糖の原料をしぼりとったかすで、繊維質《せんいしつ》が豊富《ほうふ》です。

実習の授業《じゅぎょう》では、横山先生がつくったメニューどおりのえさをみんなでつくって、ゆうひの体づくりを支《ささ》えていったのです。

七月に入るとすぐに、平間君は、全国和牛コンテストに出場を決めた仙南《せんなん》地区の農家の人たちといっしょに、調教指導員《ちょうきょうしどういん》の菅原邦彦《すがわらくにひこ》さんの講習《こうしゅう》を受けることになりました。柴農《しばのう》の近くにある会場に、柴農からゆうひを連れていきました。

たまたまその場に、菅原さんに連れられて三浦舞花《みうらまいか》さんも来ていました。そのころの舞花さんは、心にぽっかりと穴《あな》があいたような日々を送っていました。

――ずっと、全国和牛コンテスト出場を夢《ゆめ》見ていたのに……。その夢はあっけなく消えてしまった……。

舞花さんは以前から、全国の農業高校生と交流する活動を続けていました。気持ちを切りかえるために、その活動に集中しようとしましたが、予選で負けてしまったくやしさがなかなか頭から離《はな》れません。

菅原さんは、そんな舞花さんを、調教指導の手伝いとして連れてきたのです。

――あっ、あそこにいるのは、平間《ひらま》君とゆうひだ。わたしとゆうゆうが負けてしまった相手……。

そう気づいたものの、舞花《まいか》さんから声をかけることはありませんでした。

平間君はといえば、ゆうひの調教《ちょうきょう》で頭がいっぱいです。

ゆうひは、以前よりも平間君の指示《しじ》を聞くようになったとはいえ、あいかわらず気分屋でした。指示に従《したが》っていたかと思うと、知らない人たちに囲まれてパニックになったのか、とつぜんはねまわってしまったのです。

すると菅原《すがわら》さんが、舞花さんを手招《てまね》きしていいました。

講習会《こうしゅうかい》で気まずいようすを見せる平間《ひらま》君と舞花《まいか》さん
（提供／柴田農林高等学校）

「舞花、綱《つな》を打って、ちょっと落ちつかせてやれ」

菅原さんが指さしたのは、ゆうひでした。

——えっ？　わたしが打っていいの？

一瞬迷《いっしゅんまよ》ったものの、舞花さんは思いきって綱をにぎりました。

——そうだった。わたしはずっとがんばって、調教をやってきたんだ。よし、やろう。

舞花さんが綱でゆうひの鼻木《はなぎ》を打つと、ゆうひは指示に従って歩きだしました。

「ほう、さすがだねえ」

まわりにいた農家の人たちにほめられて、舞花さんの顔に笑《え》みがもどっていました。

いっぽうの平間君は、すっかり自信をうしなってしまいました。

——やっぱり調教技術《ぎじゅつ》では、舞花さんにとてもかなわない。それなのに、ぼくが全国和《わ》牛《ぎゅう》コンテストに出ていいのかな……。

講習《こうしゅう》が終わるとすぐに、村上《むらかみ》先生から平間君に提案《ていあん》がありました。

「夏休みに、菅原さんの牧場へ行って、泊《と》まりこみで調教技術を教えてもらったらどうだい？」

村上《むらかみ》先生は、菅原《すがわら》さんに指導《しどう》をたのんでくれていたのです。

「わかりました。行きます……」

自分なりにがんばっても、調教《ちょうきょう》の技術《ぎじゅつ》がなかなか上達しないことは、平間《ひらま》君にもわかっていました。菅原さんが経営《けいえい》する和牛《わぎゅう》の牧場には、従業員《じゅうぎょういん》のための寮《りょう》もあり、平間君はそこに泊《と》まりながら、調教の指導を受けることになったのです。

——なんとしても、綱《つな》打ちがうまくなりたい。

その一心で菅原さんの牧場に来たものの、まわりの従業員たちは知らない人ばかりです。なかなか、自分から声をかけることができません。

食堂でひとり昼食を食べていた平間君は、見覚えのある姿《すがた》にはっとしました。

——あれは……。

食堂に入ってきたのは、三浦舞花《みうらまいか》さんでした。舞花さんは、夏休みのアルバイトで菅原さんの牧場へ来たところでした。

平間君は、舞花さんに軽く会釈《えしゃく》をすると、かたい表情《ひょうじょう》のままふたたびご飯を食べはじめました。平間君は、綱打ちの技術ではかなわない舞花さんに劣等感《れっとうかん》をいだきつづけていたからです。

いっぽうの舞花さんの胸《むね》には、予選で敗れたくやしさがまだ残っています。ことばを交《か》わすこともなく、二人のあいだには、気まずい空気が流れたままでした。

菅原さんは、平間君に調教技術を教えているところに舞花さんをよんで、いいました。

「平間君はこれから四日間泊まりこんで、みっちりと練習することになったんだ。舞花も見てやってくれるか」

「は、はい……」

舞花さんはとまどいながらも、平間君の練習をそばで見守ることにしました。

「だめだなあ。それじゃあ、綱の打ちかたが強すぎるぞ」

平間君は菅原さんから、綱を打つときの力《ちから》加減《かげん》をくりかえし教えられました。

「いいかい。鼻木《はなぎ》をただ強く打てばいいというんじゃないんだ。強く打つだけじゃ、牛がうんざりしてしまう。牛がかってに動きだしそうだなと思ったら、子どもをしかるようにきびしく打つ。それ以外は、子どもをあやすようにやさしく打って、牛をコントロールするんだよ」

「はい」

——そうか。ぼくはただやみくもに、強く打っていたんだな。でも、いったいどんなふうに、打てばいいんだろう？

平間《ひらま》君は、菅原《すがわら》さんの綱《つな》の振《ふ》りかたを見ながら、けんめいに練習しました。

——平間君はどうしても肩《かた》を使って、綱を大きく振ってしまう。肩に力を入れないほうがいいんだけどな……。

平間君の練習を見ながら、舞花《まいか》さんは心のなかでそうつぶやくことがありました。それなのに、なかなか平間君に声をかけることができません。

——わたしが、えらそうに教えられるの？　予選で負けてしまったのに……。

ところが、熱心に指導《しどう》する菅原さんの姿《すがた》を見ているうちに、舞花さんの気持ちは変わっていきました。

——菅原さんは、技術《ぎじゅつ》を自分のために使うだけじゃなくて、人に伝えることも大事にしている。わたしも、そんな人間になりたかったはず。

舞花さんは少しずつ、平間君に声をかけるようになっていきました。

「あの……、平間君は綱を大きく振りすぎているんじゃないかな」

「あっ、そうか！」

平間君も、綱打ちがうまくなりたいと必死です。ここで覚えなければ、全国和牛《わぎゅう》コンテストの舞台《ぶたい》で、ゆうひをいちばんよい姿勢《しせい》で審査《しんさ》してもらうことができません。

菅原さんの熱心な指導もあり、平間君の技術は練習のたびに上達していきました。

――あっ！　綱を打ったときに、鼻木《はなぎ》がピンと音を立てるようになったぞ！　そうか、もっと手首を使って、波を起こすように振ればいいんだ。波の大きさを調節しながら、牛に意思を伝えればいいのか。

合宿が終わるころ、ようやく平間君は、綱で牛をあやつることができるようになったのです。

自信を深めた平間君は、明るい表情《ひょうじょう》を見せるようになっていきました。

「平間君、全国和牛コンテスト、がんばってね！」

「はいっ！」

合宿の最後の日には、舞花さんとも笑顔《えがお》で別れることができたのです。

仲間とともに

合宿からもどった平間《ひらま》君は、気持ちも新たに、ゆうひのもとへ向かいました。

――よーし。ゆうひの調教《ちょうきょう》を、もう一度がんばるぞ！

「シッ！」

「サシッ！」

平間君は合宿で練習したように、綱《つな》を打ちました。

ところが、はじめのうちは指示《しじ》に従《したが》っていたゆうひが、しだいに指示を無視《むし》しだして、自分が行きたいほうへと歩いていってしまったのです。

平間君は、がっくりとうなだれました。

「どうして？　どうしてだよっ！　あんなに練習したのに！　せっかくできるようになったと思ったのに！　ゆうひのばか！」

くやしさのあまり、涙《なみだ》がぼろぼろとこぼれおちます。平間君はその場に立ちつくしたまま、泣いてしまいました。

「だいじょうぶだ。菅原《すがわら》さんのところの牛は調教に慣《な》れているから、あつかいやすかったんだよ。ゆうひも平間の綱打ちに慣れさえすれば、かならずいうことを聞くようになるよ」

横山《よこやま》先生はそういって、なぐさめてくれました。

平間君はくちびるをぎゅっと結ぶと、こぶしで涙をぬぐいました。

──上達したと調子に乗っていたところを、ゆうひに見すかされてしまったんだな。ぼくの技術《ぎじゅつ》は、やっぱりまだまだなんだ。でも、こんなことでめげてたまるか！

菅原さんのところで合宿してまで調教を学んだ経験《けいけん》は、平間君の心を強くきたえてくれました。気持ちを切りかえ、また一からゆうひに向きあうことにしたのです。

夏休みが終わるころ、横山先生がゆうひの毛洗《けあら》いのために、特別注文のシャンプーを用意してくれました。使ってみると、きめこまかな泡《あわ》がたち、ゆうひの毛がつやつやになります。

「このシャンプー、すごくいいですね」

「そうだろう。きみたちが使っているシャンプーの値段《ねだん》の十倍はするからな」

「えーっ。牛のほうがいいシャンプーを使うんだ！」

おどろいた平間《ひらま》君でしたが、少しでもゆうひを美しく仕上げるためです。シャンプー液《えき》を手にとると、ゆうひの体全体を、両手でやさしくつつみこむように洗《あら》いあげていきました。

ゆうひの毛をつやつやさせるための道具に、わらじがくわわりました。わらじは、稲《いな》わらを編《あ》んでつくったはきものです。いのししの固い毛でできたブラシでブラッシングしたあとに、ちょうどいい固さのわらじを使って全身をこすると、毛のつやがますような感じがします。

また、冷たい水をかけて体を冷やすことで、冬毛が生えてくるようにしました。ごわごわした夏毛とちがい、寒いときに生える冬毛はふわふわとやわらかく、見た目が美しくなるからです。

二学期がはじまってからも、平間君は毎朝七時前には学校へ行き、授業《じゅぎょう》がはじまるまで、ゆうひをサッカー場で三十分間歩かせました。そのあと、横山《よこやま》先生がさらに三十分間、ゆうひを歩かせてくれました。放課後は、ブラッシングと毛洗い、そして、調教《ちょうきょう》の練習をおこないました。

やることがどんどんふえていったので、平間君は自分から同級生たちに声をかけるようになりました。

「今日よかったら、ブラッシングを手伝ってくれない？」

「うん、いいよ」

同級生が手伝いに来てくれると、力がわいてくるのを感じました。

放課後の調教の練習でも、同級生たちが積極的にアドバイスをしてくれます。

「平間、背中《せなか》のラインがまっすぐに見えないぞ。ゆうひの足をもっと右にして、立たせてみて」

「こうかな」

「いや、もっと右かな」

「うん、わかった」

そして、体のチェックも同級生と力を合わせるようになりました。

「あばら骨《ぼね》が三本、ちゃんと見えるかな？」

「腰《こし》まわりの肉づきは、どうだ？」

「うん、いい感じじゃないかな」

同級生もいっしょにゆうひの体を手でさわりながら、脂肪《しぼう》のつきかたをチェックしていきました。

――ひとりよりも、ずっと心強い。

平間君《ひらまくん》は、サポートのありがたみをひしひしと感じていました。

全国和牛《わぎゅう》コンテストの日が、こくいっこくと迫《せま》ってきます。

平間君は「宮城県《みやぎけん》代表の高校生」として、テレビ局や新聞社から取材を受けるようになりました。

「県の代表としての抱負《ほうふ》を聞かせてください」

そんな質問《しつもん》を受けるたびに、責任《せきにん》をいっそう感じるようになりました。

――日本一になるためにも、ゆうひの毛並《けな》みをもっと美しくしたい。調教技術《ちょうきょうぎじゅつ》も、もっと練習したい。それなのに、どうしよう……。時間がぜんぜんたりない。コンテストの日が、まだまだ先だったらいいのに……。いいや、いっそのこと、早くコンテストの日が来てくれ！

心のなかで、反するふたつの感情《かんじょう》がぶつかりあっていました。毎日休みなく続くゆうひの世話と、宮城県代表というプレッシャーで、平間君の体と心には限界《げんかい》近くまでつかれがたまっていたのです。

それでもろうかですれちがうたびに、学校じゅうの先生が、

「平間、もうすぐだな。がんばれよ！」

と声をかけてくれると、元気がわいてきました。

「新聞を見たよ。平間君がのっていたよ」

近所の人がそういって、わざわざ新聞の切りぬきをもってきてくれることもありました。親せきの人たちも電話で、「テレビで見たよ。がんばれよ」と、はげましてくれました。

――最後までやりぬいてみせる。そして、一位をめざすんだ！

平間君は、多くの人からのはげましを力に変え、全国和牛コンテストに向かって進んでいきました。

第五章　ゆうひと平間《ひらま》君の晴れ舞台《ぶたい》

全国の農業高校生たち

二〇一七年九月六日。全国和牛《わぎゅう》コンテストがはじまる前日のこの日、会場となる宮城《みやぎ》県仙台市《けんせんだいし》の夢《ゆめ》メッセみやぎの別館で、小牛田農林《こごたのうりん》高等学校（小牛田農林）と加美農業《かみのうぎょう》高等学校（加美農）が中心となって、全国から集まった出場十四校の交流会が開かれました。

東日本大震災《ひがしにほんだいしんさい》の記録映像《えいぞう》を見たり、宮城県の郷土《きょうど》料理のずんだ（えだ豆をつぶしたもの）を使ったシェークを味わったりしながら、高校生たちが情報交換《じょうほうこうかん》をする会です。

平間《ひらま》君が会場に入ると、加美農でハンドラーを務《つと》めた生徒がかけよってきて、声をかけてくれました。

「明日、がんばれよ！」

「う、うん……」

加美農とは、県予選を競《きそ》いあった仲です。

——ほんとうはくやしいはずなのに、応援《おうえん》してくれている。ありがたいな。

平間君は、胸《むね》が熱くなるのを感じました。

会場には、舞花《まいか》さんの姿《すがた》も見えます。

交流会には、きびしい予選を勝ちぬいた高校生たちが集まっていました。平間君の顔がしだいに、緊張《きんちょう》で強《こわ》ばっていきます。それぞれの地域《ちいき》の方言が飛びかっているうえに、だれもが自信に満ちあふれているように見えたからです。

トップバッターとして、コンテストが開かれる宮城県の代表校の柴農《しばのう》が、自己紹介《じこしょうかい》することになりました。平間君が立ちあがって、口を開きました。

「えっと、ぼくたちは……、なんとか、ここまで来られたので……、明日はがんばります……」

緊張のあまり、ことばがなかなか出てきません。

いっぽうで、ほかの県の高校生たちは、自分たちの気持ちを前面に押《お》しだしてきます。

「明日はぜったい、わたしたちが一位になります！」

「いや、ぼくたちが勝ちます！」

いつしか平間君は、その気迫《きはく》に圧倒《あっとう》されていました。

質問《しつもん》コーナーでは、柴農《しばのう》にこんな問いかけがありました。

「柴農さんにお聞きします。調教《ちょうきょう》や綱《つな》打ちのこつはありますか？」

「ぼくは、綱打ちがあまり得意ではないので……、アドバイスできることはないです……」

平間《ひらま》君の声が、どんどん小さくなります。そばで見ていた舞花《まいか》さんは、はらはらしていました。

——平間君がたいへんだわ……。なんとかしなくちゃ。

すると司会の加美農《かみのう》の高校生が、静かになった空気を断《た》ちきるように、ちょっとおどけた調子でいいました。

「じつはわたしたち加美農は、県予選でおしくも、柴農さんに負けてしまった高校なのです」

「へえっ、そうなの？」

会場内に、笑いがもれます。

——あっ、平間君をはげましている。

そう気づいた舞花さんは、ぱっと手を上げ、はきはきとした声でいいました。

「わたしは、小牛田農林《こごたのうりん》の三浦《みうら》舞花です。じつをいうと、わたしたちも加美農さんと同じく、県予選で柴農さんに負けてしまったんです」

「こんなに元気のいい高校生を破《やぶ》って出てくるなんて、柴農はなかなか強い高校みたいだぞ」

ほかの高校生たちの目が、柴農へといっせいに注がれます。

——柴農は、わたしたちに勝って全国和牛《わぎゅう》コンテストの舞台《ぶたい》に進んだんだよ。だから、自信をもって！

平間君は、加美農の生徒や舞花さんからのエールをひしひしと感じていました。

会場の雰囲気《ふんいき》が、がらりと変わりました。柴農への質問が続きます。

「いちばん自信があることはなんですか？」

「それは……。ブラッシングは、毎日欠かさずにやってきました！」

ブラッシングには自信があります。声にもぐっと力が入ります。

——そうだった。ぼくは、全国和牛コンテストに出ることができなかったみんなのぶんまでがんばるんだ！

平間君はあらためて、そう自分にいいきかせていました。

遊ぼう、ゆうひ！

二〇一七年九月七日。いよいよ、第十一回全国和牛《わぎゅう》コンテスト宮城《みやぎ》大会が開幕《かいまく》しました。

会場には、北海道《ほっかいどう》から沖縄《おきなわ》までの三十九道府県から、予選を勝ちぬいた農家が集まっています。県ごとにそろいのユニフォームで身を固めた応援団《おうえんだん》のいる観客席には、色とりどりの応援旗がひるがえっています。会場にはたちまち、熱気が満ちてきました。

「すごい数の人たちだなあ」

観客席から見守る平間《ひらま》君は、会場の大きさと参加する農家の多さに目を見はりました。

開会式が終わると、高校生の部の審査《しんさ》が

たくさんの農家が参加した開会式
（提供／宮城県畜産課）

仮設牛舎《かせつぎゅうしゃ》。ふだんは駐車場《ちゅうしゃじょう》なので、白いラインが見える
（提供／柴田農林高等学校）

はじまります。平間君は準備《じゅんび》があり、仮設牛舎《かせつぎゅうしゃ》にもどりました。審査会場の外には、全国から集まったたくさんの牛のために、広い駐車場《ちゅうしゃじょう》にテントを張《は》った、仮設の牛舎が設《せっ》置《ち》されていました。

「平間君、がんばってね！」

やって来たのは、舞花《まいか》さんです。舞花さんは、高校生の部の進行役をまかされていました。アナウンスで、全国から集まった高校生たちの晴れ舞《ぶ》台《たい》を応援するのです。

「これ、お守り。ポケットに入れてもっていって」

舞花さんがさしだしたのは、県予選のときにゆうゆうの頬綱《ほおづな》につけていた、紫《むらさき》色のお守り袋《ぶくろ》です。

「ゆうゆうもいっしょに、全国和牛コンテストの舞台に連れていって！」

「あっ、ありがとうございます……」

平間《ひらま》君は、お守り袋《ぶくろ》を受けとりました。

「わたし、アナウンス席からずっと見ているからね！」

そういうと、舞花《まいか》さんは審査《しんさ》会場へと走っていきました。

平間君は、手のなかのお守り袋を見つめました。このお守り袋には、ゆうゆうと全国和牛《わぎゅう》コンテストをめざした、舞花さんの夢《ゆめ》がつまっています。

——ポケットに入れていこうか。いや、やっぱりここだ。いちばんよく見える場所から見守ってくれ。

平間君は胸《むね》のゼッケンに、お守り袋をしっかりと結びつけました。

平間君はゆうひの綱《つな》をにぎり、歩みはじめました。ゆうひの後ろからは、補助員《ほじょいん》の佐《さ》藤泰斗《とうたいと》君と阿部瑞希《あべみずき》君がついてきてくれます。

横山《よこやま》先生と村上《むらかみ》先生が、審査会場へ向かう平間君に、ひとことだけ声をかけました。

「がんばれよっ！」

先生たちには、かけることばがそれ以上ありませんでした。審査会場のなかへ入ったら、なにが起きても、ゆうひと平間君、そして佐藤君と阿部君たちだけで、すべてを切りぬけなければならないからです。

いよいよ入場です。平間君は、となりに立つゆうひの表情《ひょうじょう》をそっとうかがいました。じつは、前日のリハーサルでゆうひは、平間君たちがどうすることもできないほど暴《あば》れてしまったからです。審査会場には、床《ゆか》に砂《すな》がしきつめられています。足元の感触《かんしょく》がいつもとちがうことにおどろいて、ゆうひはパニックになってしまったのです。平間君たちの手には負えず、大人の係員の手を借りて、やっとなだめたのでした。

——もし今日も、ゆうひが暴れてしまったら、すべてが終わってしまう。

見守る先生たちも、ドキドキしていました。

平間君は、ゆうひがもぐもぐと口を動かしているようすを見てほっとしました。

——ゆうひが反芻《はんすう》している。これならだいじょうぶだ。

反芻とは、牛が一度飲みこんだ食べものを口のなかにもどし、かみなおして、ふたたび飲みこむことをいいます。これは、牛がリラックスしているサインでもあります。

「さあ、行くぞ。ゆうひ！」

平間君が土俵《どひょう》に足を踏《ふ》みだすと、ゆうひもしっかりと歩みはじめました。

その瞬間《しゅんかん》、先生たちもほっと胸《むね》をなでおろしていました。

――ここをクリアできればだいじょうぶ。平間《ひらま》たちなら、きっとだいじょうぶだ。

「よしっ！」

手ごたえを感じた平間君は、ゆうひに綱《つな》を打ちながら足を進めました。緊張《きんちょう》はしていても、心は落ちついていました。

――いつもどおりにやればいい。今日は、ゆうひといっしょに楽しもう。さあ、遊ぼう、ゆうひ！

そう、心に決めていたからです。

「柴農《しばのう》っ、がんばれよ！」

会場を進んでいくと、応援《おうえん》の声が耳に

会場への入場を待つゆうひと平間《ひらま》君たち
（提供／柴田農林高等学校）

届《とど》きました。宮城県《みやぎけん》の応援団《だん》の席に、柴農の動物科学科《どうぶつかがくか》の二年生と三年生がかけつけていたのです。

しかし平間君には、彼《かれ》らの姿《すがた》を探《さが》している余裕《よゆう》はありません。ひたすらゆうひの動きに集中しながら、会場を進んでいきました。

出場十四校の牛がすべてならびおえると、審査《しんさ》がはじまりました。

各校の取りくみ

高校生の部では、牛の審査と、学校の取りくみ発表の審査の合計点で競《きそ》いあいます。

取りくみ発表は、それぞれの学校が、どのような目的で牛の育成に取りくんできたのかなどを、写真や図にまとめ、大きなスクリーンに映《うつ》しだしながら発表します。

宮崎県《みやざきけん》の高鍋農業高等学校《たかなべのうぎょう》は、「口蹄疫《こうていえき》」から乗りこえた姿を発表しました。宮崎県では二〇一〇年に、牛や豚《ぶた》を中心に口蹄疫という伝染病《でんせんびょう》が発生しました。口蹄疫の拡大《かくだい》を防《ふせ》ぐために、伝染の恐《おそ》れのある区域《くいき》の家畜《かちく》までが殺処分《さっしょぶん》されました。

高鍋農業高校は伝染の警戒《けいかい》区域のなかにあったため、当時学校で飼《か》っていた牛と豚の合計三百三十五頭を殺処分《さつしょぶん》しなければなりませんでした。そのときの悲しみを乗りこえ、現在《げんざい》は学校で飼《か》っている牛がふえたこと、そして全国から届《とど》いた支援《しえん》への感謝《かんしゃ》を発表しました。

福島県《ふくしまけん》の福島明成《ふくしまめいせい》高等学校は、二〇一一年の東日本大震災《ひがしにほんだいしんさい》にともなう原発事故《じこ》で飼うことができなくなった学校の牛たちが、県内のほかの農業高校で大事に守られていることを伝えました。

――どの高校も、地域《ちいき》の事情《じじょう》や、自分たちがどんなふうに牛を育ててきたかなどを、わかりやすくまとめている。

平間《ひらま》君は感心しながら、発表に耳をかたむけていました。

――おや？　ほかの高校とはちがうぞ……。

岐阜県《ぎふけん》の飛騨高山《ひだたかやま》高等学校の取りくみ発表に、平間君ははっとしました。

岐阜県の飛騨地方では、地域で生産される和牛《わぎゅう》「飛騨牛《ひだぎゅう》」を大事に育てていました。

飛騨高山高校は、地域の農家といっしょになって飛騨牛を育てていることや、飛騨牛の伝統《でんとう》を守る生産者や技術員《ぎじゅついん》への感謝の気持ち、そして自分たちが飛騨牛を守っていく決意を発表しました。

自分たちの高校の牛についての発表が多いなかで、それらとはことなる内容《ないよう》です。地域と一丸となって牛を育てる飛騨高山高校の発表は、会場の人たちに強い印象をあたえました。

そのうえ、発表する生徒は、演劇部《えんげきぶ》の先生から声の出しかたの指導《しどう》まで受けて、この日のために準備《じゅんび》してきました。気迫《きはく》あふれる発表に、会場から、「ほおーっ」と感心する声があがるほどでした。

——たくさん練習したんだろうな。すごいなあ。

平間君と同じように、アナウンス席にいた舞花《まいか》さんもおどろいていました。

——みごとな発表だ。

同時に、舞花さんはわくわくしていました。

——ここに集まったみんなには、ぜったいに勝つぞという気持ちがあふれている！　後《こう》継者《けいしゃ》不足っていわれているけれど、牛にこれほどまでの熱意をもっている高校生が全国にいるってことを、たくさんの人に知ってほしい！

名前にこめた思い

柴農《しばのう》の取りくみ発表は、東日本大震災《ひがしにほんだいしんさい》からの復興《ふっこう》をテーマにしました。

柴農がある地域《ちいき》は内陸部で、津波《つなみ》の被害《ひがい》はありませんでした。でも、校舎《こうしゃ》にひびが入ったり、停電や断水《だんすい》が長引いたりして、みんながつらい思いをしました。

また、宮城県《みやぎけん》の一部では原発事故《じこ》の影響《えいきょう》を受け、牛のえさにするための稲《いな》わらが放射性《ほうしゃせい》物質《ぶっしつ》に汚染《おせん》されて使えなくなる被害が発生しました。そして、人びとのあいだに放射性物質に対する不安が広がって、宮城県産の牛肉がさけられたりしました。そのため、牛の値段《ねだん》が大幅《おおはば》に下がって、和牛《わぎゅう》農家の経営《けいえい》に大きな打撃《だげき》があったのです。

そこで、震災の体験を、悲しい思いという意味の漢字で「憂《ゆう》」と表現《ひょうげん》することにしました。いっぽう、全国からの支援《しえん》を受け、人びとの心の優《やさ》しさにふれたことを「優《ゆう》」とあらわしました。「憂（かなしみ）」の日々が「優（やさしさ）」の日々に変わったことを、震災からの復興メッセージにしようと考えたのです。

「憂」と「優」の字は、どちらも「ゆう」と読みます。そこに、牛の「ゆうひ」の名前を重ね、発表のタイトルは、「憂日《ゆうひ》が優日《ゆうひ》になる日まで―全国のみなさんに今、伝えたいこと―」

としました。

柴農の取りくみを発表するのは、平間《ひらま》君の同級生、松崎雪菜《まつざきゆきな》さんです。雪菜さんも、この日のために何度も発表の練習をしてきました。

雪菜さんの発表に合わせて、平間君は審査《しんさ》会場をゆうひとともに一周しました。

――全国のみなさん、ぼくたちが育ててきたゆうひを見てください！

それだけを考えながら、ゆうひと歩いたのです。

ゆうひは何位だ？

牛の審査がはじまると、五人の審査員がゆうひのそばにやってきました。

きびしいチェックを進める五人の審査員《しんさいん》
（提供／柴田農林高等学校）

手で体の表面をさわってたしかめていたかと思うと、ゆうひから離《はな》れて、遠くからほかの牛と体つきをくらべます。さらに、ほかの牛を指さして話しあったり、手元の審査表《しんさひょう》になにかを書きこんだりしています。

――どんなふうに、点数をつけているのかな。

平間《ひらま》君は興味津津《きょうみしんしん》で、審査員の動きを目で追いました。ほかの牛を見ていた審査員が、ふたたびゆうひを見にきたときには、ドキドキしてしまいました。

――どうしたんだろう？　よい牛かどうか、もう一度確認《かくにん》しにきたのかな？　それとも、なにかまずい点でもあったのだろうか……。

期待と不安が、交互《こうご》に押《お》しよせます。

いっぽう、舞花《まいか》さんは一段《いちだん》高いアナウンス席から、みんなのようすを見ていました。

――うわーっ、あそこの高校は、ハンドラーがずっと笑顔《えがお》のまま、ひたすら牛に話しかけている。あっ、こっちの高校生は綱《つな》打ちがばつぐんにうまいなあ。さすが、全国和牛《わぎゅう》コンテストに出てくるだけある。柴農《しばのう》はこのなかで、いったい何位になるんだろう？

一頭ごとにていねいな審査が続き、入場してから一時間が過《す》ぎました。牛たちはおおぜいの観客に囲まれて緊張《きんちょう》しているうえに、同じ姿勢《しせい》を取りつづけてつかれてきています。

――うわーっ、となりの牛がすわりこんでしまったぞ……。

平間君は、ぎょっとしました。ハンドラーはおおあわてで、鼻木《はなぎ》をもちあげたり、後ろ足をけったりしながら、なんとか牛を立たせようとしています。

――ゆうひも、すわりこんでしまったらどうしよう。

平間君は、そっとゆうひの顔をのぞきこみました。

――よかった。目が落ちついている。これならだいじょうぶだ。

ゆうひは気分屋でしたが、がまん強いところがありました。調教《ちょうきょう》の練習で長い時間立たせていても、一度もすわりこんだことはありません。

それでも、もし今、ここですわりこんでしまったら審査の点数に影響《えいきょう》します。

「バーヨ、バーヨ。ゆうひは、できる子だよ」

平間君はいっしょうけんめい、ゆうひに声をかけつづけました。

――ゆうひを、いちばんよい状態《じょうたい》で見てもらうんだ！

ゆうひの鼻木をにぎりながら、何度も姿勢を整えました。

舞花《まいか》さんから受けとったお守り袋《ぶくろ》をゼッケンに結んだ平間《ひらま》君
（提供／宮城県畜産課）

やがて、審査員《しんさいん》に動きがありました。平間《ひらま》君に、手で合図をしています。「柴田農林《しばたのうりん》高等学校、最前列へ出るように」という指示《しじ》です。

とたんに、会場から「おおーっ」と、どよめきがおこりました。

「うわあ、来たよ！　来た、来た！」

アナウンス席の舞花《まいか》さんも、同じ進行係の生徒とともに、歓声《かんせい》をあげてしまいました。

最前列に引きだされるのは、一位から四位までの上位入賞が決まったことを意味します。入賞牛のなかで、さらに順位づけがおこなわれるのです。

「よし、出ていくぞ！　シッ！」

平間君は、綱《つな》でゆうひの鼻木《はなぎ》をピンッと打

つと、いっしょに歩みだしました。そして、あらためて最前列にならんだ牛たちを見ました。

――高鍋農業高校《たかなべのうぎょう》の牛は、ふかふかの毛並《けな》みでずばぬけた美しさだ。ほかの高校の牛も、背中《せなか》のラインや足腰《あしこし》のバランスがよくて、ほんとうに美しい。どの牛が一位になってもおかしくない。

まぶしく見える牛ばかりでしたが、自分にいいきかせていました。

――いいや。それでも、ゆうひが一位を取るんだ！　一位めざして、ここまで来たんだから。

牛が育ててくれた

四頭の牛が最前列にならぶと、まずは牛の審査結果が発表されました。

一位は高鍋農業高等学校、二位は飛騨高山《ひだたかやま》高等学校、三位は兵庫県《ひょうごけん》の但馬農業《たじまのうぎょう》高等学校、そして柴農《しばのう》は四位でした。

――やっぱり宮崎《みやざき》の牛が一位か。でも、取りくみ発表で巻《ま》きかえせるかもしれないぞ。

平間君はまだ、あきらめていません。取りくみ発表の点数をくわえた合計点での順位が発表されます。審査員《しんさいん》がマイクをにぎりました。

――どうか、柴農《しばのう》が一位であってくれ！

平間《ひらま》君の心臓《しんぞう》が、ドクドクと音を立てます。

「一位、岐阜県立飛騨高山《ぎふけんりつひだたかやま》高等学校」

審査員の発表に、会場から大きなどよめきと拍手《はくしゅ》がわきおこりました。取りくみ発表の内容《ないよう》と力強い発表態度《たいど》が高く評価《ひょうか》され、二位からの逆転《ぎゃくてん》です。

「やったーっ！　やったーっ！」

生徒たちが、だきあいながらよろこんでいます。

――えっ、一位じゃない？　それなら、二位だ！

平間君は、綱《つな》をにぎる手にぎゅっと力をこめました。

発表が続きます。

「二位、宮崎県立高鍋農業《みやざきけんりつたかなべのうぎょう》高等学校。三位、兵庫県立但馬農業《ひょうごけんりつたじまのうぎょう》高等学校」

「四位、宮城県柴田農林《みやぎけんしばたのうりん》高等学校」

――四位……。そうか、四位だったんだな……。

みごと、四位となったゆうひ。補助員《ほじょいん》の佐藤泰斗《さとうたいと》君（右から二人目）と阿部瑞希《あべみずき》君（右から三人目）、取りくみ発表をした松崎雪菜《まつざきゆきな》さん（左から二人目）もほこらしげ
（提供／柴田農林高等学校）

三位までに入った高校の生徒たちがよろこびにわくなか、平間君は結果をしっかりと受けとめていました。自分でもふしぎなほど、落ちついています。

——一位にはなれなかった。でも、ここで泣いたりするわけにはいかない。ぼくには、まだやることがある。仮設牛舎《かせつぎゅうしゃ》にゆうひを連れてかえるまでが、ぼくの仕事なんだ。

「よし。終わったから帰るか、ゆうひ」

ゆうひにそっと声をかけると、審査会場をあとにしました。

審査会場を出ると、横山《よこやま》先生と村上《むらかみ》先生もくわわり、みんなで仮設牛舎へと引きあげました。

うれしいことに、仮設牛舎《かせつぎゅうしゃ》までの通路の両側に農家の人たちがならび、笑顔《えがお》と拍手《はくしゅ》でむかえてくれます。柴農《しばのう》のみんなを、全国和牛《わぎゅう》コンテストに出場する同じ仲間としてねぎらってくれたのです。

「おつかれさま」

「よくやったなっ！」

「四位入賞なんて、すごいじゃないかっ！」

村上《むらかみ》先生も横山《よこやま》先生も、涙《なみだ》で目がうるんでいます。

平間《ひらま》君の携帯《けいたい》電話には、写真が次つぎと送られてきました。会場にいた同級生たちが、ゆうひと平間君たちの晴れ姿《すがた》を、何枚も撮《と》ってくれたのです。

――みんなが会場で、ぼくたちを見守っていてくれたんだ……。

平間君の頭には、この日に向けて過《す》ごしてきた日々がよみがえってきました。

ゆうひの前で、なにをどうしたらよいかわからず、立ちつくしたこと。けがをしてもがんばりぬいたこと。少しずつ、ゆうひとの関係に手ごたえを感じることができたこと。

そして、全国和牛コンテストに出場したこと。

――今、ぼくにははっきりとわかる。先生、農家の人、地域《ちいき》の人、そして仲間たち……。ぼくはここまで、どれだけたくさんの人に支《ささ》えてもらったんだろう。みなさんに、きちんと感謝《かんしゃ》の気持ちを伝えたい。

平間君は、口を開きました。

「ありがとうございました」

そういおうとしたとたん、今までおさえこんできたさまざまな感情《かんじょう》が、うわっとあふれだしたのです。

「うっ、うっ、うっ……」

涙が次から次へとこみあげ、ことばになりません。何度手でぬぐっても、涙が頬《ほお》を伝いつづけました。

――一位だけをめざして、毎日いっしょうけんめいにがんばってきた。四位は、はっきりいってくやしい。くやしすぎるっ！　でも、今までなにをしても中途半端《ちゅうとはんぱ》だったぼくが、まわりの人のおかげで、こんなにがんばれた。ありがとう。ほんとうに、ありがとう！

くやしさと達成感、そしてなによりも、感謝《かんしゃ》の気持ちで胸《むね》がいっぱいだったのです。

村上《むらかみ》先生は、泣きじゃくる平間《ひらま》君の姿《すがた》を見ながら、しみじみと感じていました。

——牛が、平間を育ててくれたんだな。


帰るしたくを終えた平間君は、別館をめざして走りました。

——もうひとつ、やることが残っている。

別館では、岐阜県《ぎふけん》の農業高校三校と小牛田農林《こごたのうりん》の交流会を、舞花《まいか》さんたちが開いていています。平間君は、舞花さんに両手をさしだすと、頭をさげていいました。

「ありがとうございました！」

「えっ？」

平間君の手のなかにあるのは、舞花さんが託《たく》したお守り袋《ぶくろ》です。

——つかれているはずなのに、わざわざ返しにきてくれるなんて……。

「おつかれさま。がんばったよねっ！」

舞花さんはにっこり笑いながらそういうと、お守り袋を受けとり、平間君の後ろ姿を見送りながら心のなかでよびかけました。

――平間君、四位ってすごいことなんだよ！　柴農《しばのう》が最前列に出されただけで、わたしは「よしっ」とおおよろこびしたんだからね。

舞花さんは全国和牛《わぎゅう》コンテストに出場したおじいさんから聞いて、上位に入るむずかしさをよく知っていたからです。

その日の夕方、テレビのニュースで、「高校生の部」のようすを見た舞花さんは、画面に平間君が映《うつ》った瞬間《しゅんかん》、「あっ！」と声をあげました。平間君の胸元《むなもと》に、紫色《むらさき》のお守り袋がゆれていますす。

――ちゃんとお守り袋をもっていってくれたんだ！　それも、ポケットのなかじゃなくて、ゼッケンの胸元に！　平間君、ありがとう！

自分がはたせなかった夢《ゆめ》と思いを、平間君がいっしょに連れていってくれたことが、舞花さんにはうれしくてたまりませんでした。

いっぽうの平間君は、長い一日を過《す》ごして、くたくたになっていました。家に帰ったとたん、体がふわっと軽くなったような気がしました。

——やりぬくと、自分自身にかけていたプレッシャー。ほかの高校に勝って、宮城県代《みやぎけん》表で出場したことの重み。意識《いしき》していなかったけれど、さまざまな重圧《じゅうあつ》がのしかかっていたのかな……。

その夜、平間《ひらま》君はうれしい気持ちを胸《むね》に、ぐっすりと眠《ねむ》りました。

第六章　めざせ、鹿児島《かごしま》大会

高まる関心

全国和牛《わぎゅう》コンテスト宮城《みやぎ》大会は、九月七日から十一日までおこなわれました。和牛への関心が高まっていることもあり、全国から応援《おうえん》に来た人たちだけでなく、海外からの観客も多く、連日おおにぎわいでした。

会場内には審査《しんさ》会場のほかに、震災復興《しんさいふっこう》の展示《てんじ》エリア、銘柄牛《めいがらぎゅう》試食コーナーや和牛振興《しんこう》ＰＲ《ピーアール》館、飲食ブースやお店も設《もう》けられました。

審査会場では、だれでも牛の審査のようすを見ることができました。三千八百もある座席《ざせき》は満員

たくさんの人でうまった会場
（提供／著者）

となり、立ち見が出るほどでした。

「牛さん、大きいーっ」

「へえっ。これが、和牛《わぎゅう》なの」

はじめて和牛を間近で見る子どもたちが、たくさん訪《おとず》れました。

また、家族連れで応援《おうえん》に来た人たちもいました。

「近所の農家の人が飼《か》っている牛さんはどこ？」

「ほら、あそこだよ」

「あ、いたいた、がんばれーっ！　牛さんもがんばれーっ！」

会場には、子どもから大人までの声援《せいえん》が飛びかいました。

震災復興《しんさいふっこう》の展示《てんじ》エリアでは、復興のようすや支援《しえん》への感謝《かんしゃ》の気持ちをパネルで伝えていました。

試食コーナーには長い列ができ、全国二十四道県の牛肉を食べくらべることができました。牛肉と里芋《さといも》を煮《に》こんだ山形《やまがた》の芋煮《いもに》など、地域《ちいき》の特色ある牛肉の食べかたに、訪れた人たちは舌《した》つづみをうちました。

和牛振興《しんこう》PR《ピーアール》館では和牛の体のしくみや和牛の品種、和牛肉のおいしさの秘密《ひみつ》などだけでなく、世界の牛のことが、展示を見たりクイズを楽しんだりしながら学ぶことができました。

期間中の入場者は、四十一万七千人。子どもから大人まで、和牛を見たり理解《りかい》を深めたりする絶好《ぜっこう》の機会となったのです。

和牛《わぎゅう》の世界を伝えたい

高校生の部が終わると、平間《ひらま》君は農家が出場する種牛《しゅぎゅう》の部を見学するために、毎日審《しん》査《さ》会場に通いました。プロの農家の勝負を、自分の目でたしかめたかったからです。

農家の人たちは全身からぴりぴりとした緊張感《きんちょうかん》をただよわせ、審査員にいちばんよい状態《じょうたい》で牛を見てもらおうと、顔つきも必死です。

――どの牛も、毛並《けな》みがつやつやして、輝《かがや》いている！　綱《つな》の打ちかた、牛の体型の仕上げかた、牛への声かけも、ぼくたち高校生がとうていおよばないほど、すばらしい。なによりも、出場した農家の人たちには、「ぜったいに一位をとるぞ！」という気迫《きはく》があふれている。

さらに、色あざやかな旗を振《ふ》り、拍手《はくしゅ》やかけ声で応援《おうえん》するなど、各県ごとの応援団《だん》のもりあがりも目《ま》の当たりにしました。

――高校生のぼくは一年かけて、この全国和牛《わぎゅう》コンテストにやってきた。でも、プロの農家の人たちは、地域《ちいき》が一丸になり、十年や二十年という年月をかけて、牛をみがきあげている。まさに、自分の人生を牛にかけているんだ！

平間《ひらま》君は、ひしひしとそう感じたのでした。

全国和牛コンテストの最終日。平間君は、観客席から閉会式《へいかいしき》を見守っていました。いっしょに出場した佐藤泰斗《さとうたいと》君、阿部瑞希《あべみずき》君、松崎雪菜《まつざきゆきな》さん、そして横山《よこやま》先生もいっしょです。

最終日の入賞牛パレードは、じつにはなやかでした。拍手のなかを、入賞のリボンをかざった牛とともに、ハンドラーも胸《むね》を張《は》って歩いていきます。

総合《そうごう》順位の発表もありました。

「総合優勝《ゆうしょう》は、鹿児島県《かごしまけん》！」

アナウンスの声に鹿児島県応援団からは、「ばんざーいっ！　ばんざーいっ！」と大きな歓声《かんせい》がわきおこりました。

宮城県《みやぎけん》の総合順位は、四位でした。

これまで鹿児島県や宮崎県《みやざきけん》などの九州勢《きゅうしゅうぜい》が強かった全国和牛コンテストで、宮城県はじめて上位入賞をはたすことができました。同時に、東日本大震災《ひがしにほんだいしんさい》から復興《ふっこう》しつつある姿《すがた》を、全国に発信することもできたのです。

全国和牛コンテストの大きな目標は、和牛という日本の財産《ざいさん》を守りつづけること。そして、和牛のおいしさをさらに追求して、時代に合うように改良していくことです。

全国を代表する農家が集まり、交流し、たがいを高めあった全国和牛コンテスト。

最後に、次の開催地《かいさいち》が発表されました。

「二〇二二年の開催地は、鹿児島県の霧島《きりしま》です」

会場内の農家の人たちは、いっせいに立ちあがります。

「次は、鹿児島で会おう！」

「五年後は、かならずおれたちがチャンピオンだ！」

気持ちはすでに、次の全国和牛コンテスト鹿児島大会をめざしています。

閉会式《へいかいしき》が終わり、会場をあとにした平間《ひらま》君の胸《むね》には、ひとつの思いがわきあがっていました。

――和牛《わぎゅう》の大会に、こんなにも情熱《じょうねつ》をかけている農家の人たちがいることを、もっとたくさんの人に知ってもらいたい。そして、自分の体験したことを、次の全国和牛コンテストに挑《いど》む農業高校生たちに伝えていきたい！

それぞれの夢《ゆめ》

全国和牛コンテストを終え、ほっとする間もなく、十月になると学校祭がやってきました。

平間君は、全国和牛コンテスト出場に向けてみんなで取りくんできたことをパネルで展示《てんじ》したり、写真を映《うつ》しだしたりして、訪《おとず》れた人たちに見

学校祭での展示《てんじ》。四位になるまでの取りくみを紹介《しょうかい》した
（提供／柴田農林高等学校）

てもらいました。

「ほーっ、これが、ゆうひという牛か」

「入賞おめでとう！」

「いろいろ苦労があったんだね」

そんな反響《はんきょう》がありました。

十一月には、近くの大河原町立金ケ瀬《おおがわらちょうりつかながせ》小学校の子どもたちが遠足で、柴農《しばのう》の牛を見にやってきました。平間君はゆうひを見せるために、牛舎《ぎゅうしゃ》で子どもたちを待っていました。

村上《むらかみ》先生はユーモアたっぷりに、平間君を紹介《しょうかい》しました。

「みなさん、このお兄さんがテレビで泣いていた人だよ」

「知ってるーっ！」

「見たことあるーっ！」

小学生たちの反応《はんのう》に、平間君の顔は真っ赤になってしまいました。

「それでは、ほんものの牛を近くで見てもらいます」

平間君は、小学生たちの近くにゆうひを連れてきました。

牛を前にした子どもたちの目が、いっせいに輝《かがや》きました。

「牛さん、大きいーっ！」

「すごーい！」

ふしぎそうな声も上がります、

「あれっ？　どうして黒いの？」

「白黒じゃないの？」

「それはね、これは乳牛《にゅうぎゅう》じゃなくて、和牛《わぎゅう》という牛だからだよ」

なかには、不安そうな声もあります。

「牛さん、暴《あば》れたりしないの？」

「角でつついたりしないの？」

「だいじょうぶだよ。ぼくがちゃんと綱《つな》をもっているから」

平間《ひらま》君がそういうと、小学生たちはそっと手を伸《の》ばして、ゆうひの体をさわりはじめました。

「毛がつやつやで、さわるとさらさらしている」

「牛さんの体って、あったかいね」

「牛さん、好きだよ」

平間君は、小学生たちの姿《すがた》を見ながら、二年半前の自分のことを思いだしていました。

――ぼくも、彼《かれ》らと同じだった。柴農《しばのう》に入ったばかりのころは、牛のことはなにも知らなかったんだ。

そして、心のなかで子どもたちに話しかけていました。

――ねえ、みんな。牛は、食べるためだけの動物じゃないんだよ。いっしょうけんめいにブラシをかけたり、調教《ちょうきょう》したりすることで、人といっしょに輝くようになるんだ！　そんなことを、いつかみんなにもわかってほしいな！

三年生の二学期が終わるころになると、卒業後の

柴農《しばのう》の牛を見にやってきた小学生たち
（提供／柴田農林高等学校）

進路を決めなければなりません。高校を卒業すると働くつもりだった平間《ひらま》君は、村上《むらかみ》先生に相談しました。

「ぼくは、家畜《かちく》の世話をする仕事がしたいです」

そして村上先生の紹介《しょうかい》で、家からも近い、豚《ぶた》を飼《か》う会社で働くことになりました。平間君は、胸《むね》に夢《ゆめ》をいだいています。

——牛と深くかかわって、牛のことがよくわかった。豚を育てる会社で働きながら、いつか、豚と牛の両方を飼える農場がつくれたらいいな。そして子どもたちに、いろいろな動物とふれあってもらえるようにしたい。じかに動物とふれることがとても大事だと、高校で学ぶことができたから。

そして、夢をもうひとついだいています。

——ぼくは、高校生で全国和牛《わぎゅう》コンテストに出場するという、大きなチャンスをもらった。この貴重《きちょう》な経験《けいけん》を生かすために、いつかもう一度、全国和牛コンテストの舞台《ぶたい》に立ちたいんだ！

牛舎《ぎゅうしゃ》でずっと平間君を見守ってきた横山《よこやま》先生は、平間君の変化をうれしく感じていました。

——平間は、どちらかといえば、目立たない生徒だった。それが今は、よく笑うようになった。自分の考えていることを、きちんと話すことができるようにもなった。大きな、大きな成長なんだよ。

いっぽう、舞花《まいか》さんも進路について、こう考えていました。

——全国和牛コンテストに出場する夢はかなわなかったけれど、あの場所で、同じものをめざす高校生たちに出会うことができた。農家の人たちや、牛にかかわる人たちとも出会え、じゅうじつした高校生活を送ることができた。この経験を将来《しょうらい》に生かしたい。

そこで、自分の考えを菅原《すがわら》さんに話し、相談しました。

「わたしも菅原さんのように、和牛の調教指導員《ちょうきょうしどういん》になりたいんです」

「そうか。そのためには、かならず一度は全国和牛コンテストの舞台を経験しなければだめだぞ」

菅原さんは、かつて自身が調教の技術《ぎじゅつ》を学んだ、広島県《ひろしまけん》に行くことをすすめてくれました。

卒業をひかえた二〇一八年二月。平間君は「和牛の集《つど》い」というイベントで舞花さんに会いました。

「ひさしぶり！　平間君《ひらま》は、卒業したらどうするの？」

「地元の、豚《ぶた》を育てる会社で働くことになったんです。舞花《まいか》さんは？」

「わたしは、広島県《ひろしまけん》の全国農業協同組合連合会《きょうどうくみあい》で研修《けんしゅう》を受けるの」

「えっ、広島？　ずいぶん遠くに行くんですね」

「うん。宮城県《みやぎけん》は、広島県の調教技術《ちょうきょうぎじゅつ》をお手本にしてきたんだって。だからわたしも、本場に行って勉強してくる。それに、和牛《わぎゅう》の生産は、九州《きゅうしゅう》や西日本でさかんでしょう？広島に住みながら、むこうの牧場を回って勉強できるしね。今から楽しみなの」

舞花さんは、にっこり笑っていいました。

「だって、わたしの夢《ゆめ》は、全国和牛コンテストの舞台《ぶたい》に立つことだから！」

平間君と舞花さんは同じ夢に向かって、それぞれの道をしっかりと歩みはじめたのです。

あとがき

平間《ひらま》大貴《だいき》君の挑戦《ちょうせん》を通して、和牛《わぎゅう》の世界が少しでもわかってもらえましたか？

じつは、おまけの話があるのですよ。二〇一八年三月十三日、平間君が高校を卒業した十一日後に、ゆうひがオスの赤ちゃんを生んだのです。

横山《よこやま》先生から連絡《れんらく》をもらうとすぐに、平間君は牛舎《ぎゅうしゃ》へかけつけました。

「ゆうひったら、赤ちゃんをなめて、ちゃんとめんどうを見ている。あのゆうひがお母さんになったんだなあ」

平間君は、胸《むね》が熱くなるのを感じました。子牛がかわいいのはもちろんですが、苦しいことも楽しいこともいっしょに経験《けいけん》したゆうひの子牛となれば、かわいさはよりいっそうです。

お母さんになったゆうひと、平間《ひらま》君が「優護《ゆづる》」と名づけた子牛
（提供／柴田農林高等学校）

「ゆうひに子牛が生まれたら、名前をつけるのは平間《ひらま》だぞ」

横山《よこやま》先生からは、そういわれていました。

――オスだから、漢字の名前だな。どんな名前がいいだろう？

いろいろ考えたすえ、「優護」と書いて「ゆづる」と読ませることにしました。ゆうひの「ゆう」から「優」の字を、そして「みんなを守ってくれる牛になりますように」との願いをこめて、「護」の字を組みあわせたのです。

優護は生後十か月になると、子牛市場《こうししじょう》で肥育《ひいく》農家へわたされます。平間君はそれまで、仕事の合間に柴農《しばのう》に立ちよって、優護に会おうと決めています。


わたしの家は、宮城県《みやぎけん》で繁殖《はんしょく》と肥育の両方の牛を飼《か》っている、「一貫経営《いっかんけいえい》」の農家です。子牛から大人の牛まで、合わせて約二百頭の和牛《わぎゅう》がいます。

全国和牛コンテストは、和牛農家にとって、あこがれの場所です。宮城大会にはわたしも応援団《おうえんだん》の一員としてバスに乗り、連日、会場へ足を運びました。

審査《しんさ》会場では、熱戦がくりひろげられました。平間君が出場した高校生の部は、高校生たちのはじけるようなエネルギーと、いっしょうけんめいさがすごく伝わってきました。情熱《じょうねつ》をもって牛を育てている高校生が全国にたくさんいるんだなと、うれしくなりました。

農家の戦いも、なかなか見ごたえがあるものでした。宮崎県《みやざきけん》は前回、前前回と総合優勝《そうごうゆうしょう》したので、三連覇《れんぱ》をめざして乗りこんできていました。ほかの県も、今度こそ自分たちが総合優勝だと、気迫《きはく》を全面に出してきます。もちろん、宮城県も、開催地《かいさいち》のプライドをかけてのぞみました。

全国和牛コンテストに出場することは、農家でもたいへんなプレッシャーです。出場する牛が夏ばてしないように、牛舎《ぎゅうしゃ》にせんぷう機を置いたり、日よけをつくってあげたりと、細心の注意をはらって育てます。牛がちょっとでも具合が悪そうなそぶりを見せると、それこそ心臓《しんぞう》が止まりそうになるぐらいドキドキしてしまいます。

また、全国和牛コンテストに出場した経験《けいけん》がある人でも、いざ審査会場に立つと、緊張《きんちょう》で綱《つな》をもつ手がふるえたり、じっとり汗《あせ》ばんだりするそうです。審査の日が近づくにつれ、ご飯がのどを通らなくなったり、夜に眠《ねむ》れなくなったりすることもあるそうです。

全国和牛《わぎゅう》コンテストの前年の二〇一六年に、宮城県《みやぎけん》ではコンテストに向けた練習のために、プレコンテストが開かれました。それに出場したわたしの家の牛が、運よく入賞したのです！　とてもうれしくて、そのときの写真と賞状《しょうじょう》は額《がく》に入れてかざってあります。

残念ながら、宮城大会本番の地区審査《しんさ》には合格《ごうかく》できず、出場をのがしてしまいました。全国和牛コンテストに出ることのむずかしさをひしひしと感じながら、わたしは同じ宮城県の牛を精一杯応援《せいいっぱいおうえん》し、会場の熱気をじゅうぶんに味わったのでした。

わたしは牛飼《か》いとして、これまでにたくさんの牛と過《す》ごしてきました。大きな体に似《に》合《あ》わず、牛はこわがりです。見なれない人が牛舎《ぎゅうしゃ》に入ってくると、ざわざわとして落ちつきがなくなります。人のにおいをかぎながら、自分に危険《きけん》がないかをたしかめるのです。

また牛は、危険なものを踏《ふ》まないように、足元にとても気をつけています。体の大きな動物にとって、体重を支《ささ》える足をけがすることは、ときとして命取りになるからです。

どの牛ものんびりしているように見えて、一頭一頭、性格《せいかく》がちがいます。やさしい牛もいれば、意地悪な牛もいます。なかには、堂どうとふるまう牛もいて、ほれぼれすることがありますよ。

「牛を出荷《しゅっか》するときは、さびしくて、涙《なみだ》が出るのでしょうね」

ときどき、そういわれることがあります。

子牛はすぐに風邪《かぜ》をひくので、冬のあいだは、あたたかいジャケットを着せて守ります。じゅうぶん気をつけていたつもりでも肺炎《はいえん》になって、あっという間に命を落としたことが何度もありました。病気やけがで牛が苦しんだり、命を落としたりすると、「守ってあげられなくてごめんな。許《ゆる》してくれ」と、くやしい気持ちでいっぱいになります。

牛との別れがまったくさびしくないといえばうそになりますが、わたしたちが涙を流すのはこんなときなのです。

牛を育てるときはいつも、「自分の手元にいるあいだは、健康で、安心して暮《く》らしてほしい。食べる人たちによろこんでもらえるような牛になってほしい」と願って世話をしています。

牛を送りだすときは、「よくここまで育ってくれたな。この先は、たくさんの人の命になってくれ」と祈《いの》ります。

どんなに愛情《あいじょう》をかけ、かわいいと思っても、家畜《かちく》はペットではありません。

わたしたちの命は、植物や動物を食べることで支《ささ》えられています。牛飼《か》い農家は、命を支えてくれる牛に感謝《かんしゃ》しながら、いっしょうけんめいに働くことで、牛に恩返《おんがえ》しをしています。

そして、自分たちが育てた牛たちが、みんなの命になることを誇《ほこ》りに思っています。

わたしは、村上《むらかみ》先生がいった「牛が育ててくれた」ということばが好きです。

——わたし自身も日々、牛に育ててもらっている!

そう、実感しているからです。

謝辞

貴重なお話を聞かせてくださった、平間大貴君、三浦舞花さん、村上大亮先生、横山寛栄先生、ならびに、査読と監修をお引き受けくださいました、宮城県農林水産部畜産課生産振興班の皆様に、心より御礼申し上げます。また、「和牛の本をつくりましょう」と声をかけてくださった、編集の谷 延尚さん、ありがとうございました。たくさんの関係者の皆様のお力添えをいただき、牛への愛のこもった本になりましたことを、ここに感謝申し上げます。

著者

参考資料

牛個体識別情報法検索サービス
（独立法人家畜改良センター）
https://www.id.nlbc.go.jp/data/toukei.html

『畜産』
近藤誠司、入江正和、木村信熙、小林信一、豊後貴嗣、吉村幸則、相京貴志、橋本夏奈、藤澤暢恒、巻島弘敏／編集
二〇一五年　実教出版

◉ 著者
堀米 薫（ほりごめ　かおる）
福島県生まれ。岩手大学大学院修了。『チョコレートと青い空』（そうえん社）で日本児童文芸家協会新人賞受賞。『あきらめないことにしたの』（新日本出版社）で児童ペン大賞受賞。宮城県で、専業農家のかたわら創作を続けている。日本児童文芸家協会会員。
著書に『アグリ☆サイエンスクラブシリーズ三部作』（新日本出版社）、『命のバトン ― 津波を生きぬいた奇跡の牛の物語』（佼成出版社）、『思い出をレスキューせよ！―“記憶をつなぐ”被災地の紙本・書籍保存修復士』『仙台真田氏物語 ― 幸村の遺志を守った娘、阿梅』（ともに、くもん出版）などがある。

◉ 装丁・デザイン
中村デザイン

CD34593

めざせ、和牛日本一！

2018 年 11 月 27 日　初版第 1 刷発行

著　者　堀米 薫
発行人　志村直人
発行所　株式会社くもん出版
〒108-8617　東京都港区高輪 4 －10－18　京急第 1 ビル 13F
電話　03-6836-0301（代表）
03-6836-0317（編集部直通）
03-6836-0305（営業部直通）
ホームページアドレス　http://kumonshuppan.com/
印刷　共同印刷株式会社

NDC916・くもん出版・144P・22cm・2018 年・ISBN978-4-7743-2771-6